かわいい土木
見つけ旅

重厚長大だけじゃない、健気で愛おしいドボクの魅力探訪

三上 美絵
MIKAMI Mie

技術評論社

はじめに

本書は、私が全国を旅して見つけた「かわいい土木」の数々を紹介するものです。土木の専門家ではなく、一般のみなさんに読んでいただきたくて、取り上げた橋や水門、トンネル、給水塔などの、どこがかわいいのかを、大きめの写真と文章で伝える内容にしました。

でも、「かわいい土木」って、どういうこと？　と思う方もいらっしゃるかもしれません。そもそも「土木」という言葉が何を指すのか、分かるようで、分からない。そんな方が多いのではないでしょうか。

土木は、社会の基盤となるインフラをつくり、維持していく活動です。インフラには道路や橋梁、鉄道、港湾、堤防、河川、上下水道などの土木構造物が含まれます。

一方で、「かわいい」は、それを見たり、聞いたり、触れたりしたときに心引かれ、いとおしく思う感情なので、人それぞれです。私の場合は、古くて、小さくて、人びとに愛され、大切されている土木構造物に出会うと、思わず「ドボかわいい！」と叫びそうになります。

5年ほどかけて書きためた原稿をいま、1冊にまとめてみて思うのは、私にとっての「ドボかわいい」は、それぞれの地域で暮らしを支えてきたインフラと、その誕生を喜び、大切に守ってきた地元の人たちとの関係性の中にこそある、ということです。

たとえば、表紙を飾る水戸市水道低区配水塔のドボかわいさは、カップケーキのような外観だけではありません。消防ホースを描いたレリーフや、「水」の文字が浮かぶ梅の花のかたちの扁額などにも、近代水道がやってきた！　という誇らしい気分が込められているのです。

土木技術者たちは、そんな人びとの思いや時代の空気を受けとめ、50年、100年といった将来を見すえて、インフラをかたちにしていきました。本書では、「かわいい土木」の背景にある、そうした物語や歴史にもフォーカスしています。

読者のみなさんも、ぜひ現地を訪れてみてください。そして、あなただけの「ドボかわいさ」を見つけていただければうれしく思います。最後に、連載中から応援してくださったみなさんと、書籍化を持ちかけてくれた技術評論社の佐藤丈樹さんに、心よりお礼を申し上げます。

2023年3月　　三上美絵

目次

はじめに …… 3

第1部 とにかく愛らしい！ 厳選キュートなドボク …… 6

水戸市水道低区配水塔 (2017年4月) …… 8
堀切橋と馬見塚橋 (2017年12月〜2018年1月) …… 12
鍋島灯台 (2018年3月) …… 16
御庄野橋梁・新道橋梁・国分橋梁 (2018年4月) …… 20
大手橋 (2018年9月) …… 24
岩保木水門 (2018年10月) …… 28
膳棚水路橋 (2019年5月) …… 32
村山下貯水池第一取水塔 (2019年6月) …… 36
烏帽子坑跡 (2019年10月) …… 40
森越橋 (2020年6月) …… 44
横浜東水堤灯台、北水堤灯台 (2020年9月) …… 48
猿橋 (2021年2月) …… 52
旧博物館動物園駅 (2021年4月) …… 56
大津ダム (2019年9月) …… 60
奥大井湖上駅 (2022年2月) …… 64

第2部 あなたの隣にも？ 身近にあるドボク …… 68

常盤台のクルドサック (2017年10月) …… 70
駒沢給水所の配水塔 (2020年7〜8月) …… 74
向野橋 (2017年6月) …… 78
聖徳記念絵画館前通りのアスファルト舗装 (2018年2月) …… 82
六郷水門 (2018年12月〜2019年1月) …… 86
弓削神社太鼓橋と田丸橋 (2019年3月) …… 90
京橋川の雁木群 (2019年4月) …… 94
五ノ神まいまいず井戸 (2019年11月) …… 98
東京都専用線旧晴海鉄道橋 (2019年12月〜2020年1月) …… 102
五輪橋 (2020年5月) …… 106
象の鼻 (2020年10月) …… 110
日本水準原点 (2020年12月〜2021年1月) …… 114
聖橋 (2021年3月) …… 118
日本橋 (2021年9月) …… 122

第3部 「困った」が治った！ 生活を変えたドボク

第3部 「困った」が治った！ 生活を変えたドボク …126

羽村取水堰と玉川上水 (2017年5月) …… 128
久地円筒分水 (2018年7〜8月) …… 132
白川橋 (2017年11月) …… 136
中山隧道 (2017年7〜8月) …… 140
岩屋ダム (2017年9月) …… 144
桃介橋 (2019年7〜8月) …… 148
倉安川吉井水門 (2018年5月) …… 152
七重川砂防堰堤群 (2018年6月) …… 156
猿喰新田潮抜き穴跡 (2018年11月) …… 160
天神沼樋と永府門樋 (2020年4月) …… 164
見沼通船堀 (2021年6月) …… 168
加藤州十二橋 (2021年11月) …… 172

ドボ探《たん》コラム

ドボクって楽しい！ 面白い！ …… 11
橋の「横顔」を愛でる①、② …… 15,19
「土木博士たちとめぐる吉田新田の橋クルーズ」に参加！①〜③ …… 23,27,31
遠くまで水を運ぶ知恵①、② …… 35,39
「東京スリバチ学会」に潜入！①〜③ …… 43,47,51
大月市・猿橋は土木遺産パラダイス！①〜③ …… 55,59,63
見どころは「構造美」と「ドボかわ装飾」！ …… 67
イラストになった「かわいい土木」 …… 73
ひたすら真っすぐ！「旧渋谷町水道みち」を歩く①〜⑤ … 77,81,85,89,93
「かつて川は道だった」を実感する舟遊び①、② …… 97,101
本田創さんと行く暗渠さんぽ①〜④ …… 105,109,113,117
橋マニア必見！ 隅田川は"橋の博覧会"①、② …… 121,125
日本の近代下水処理は「旧三河島汚水処分場」から始まった！①、② … 131,135
「地球の窓」とレトロ建築が魅力のまち、秩父①、② …… 139,143
ダム♡ラブな人々、増殖中！①、② …… 147,151
水位の異なる川を渡す「船のエレベーター」①、② …… 155,159
日本の礎をつくった土木偉人たち①〜④ …… 163,167,171,175

◎物件名の横にある括弧内の年月表記は、月刊誌『建設業しんこう』連載における初出時の年月です。情報は年月を記した箇所以外は原則として発表時のものであり、その後予告なく変更される可能性があります。

◎同様に「ドボ探コラム」は、webマガジン『アクティオノート』における連載『ドボたんが行く！』(2019年3月〜) で発表した記事を書籍用に再録したものであり (ただし一部は書き下ろし)、情報は原則として発表時のものです。

◎それぞれの記事における、アクセス情報近くに置かれたQRコードのURLに飛んでいただくと、可能な限り所在地の情報を示すようにしています。場合によっては必ずしもすべての情報を網羅していないこともございますが、なにとぞご了承ください。

第1部

とにかく愛らしい！
厳選キュートなドボク

かわいい見た目が特徴的であったり、
まるでアート？と思わせたりする物件を
ピックアップしました。
心ゆくまでかわいい土木をご堪能あれ。

カップケーキ風の外観、中には秘めた巨大水槽

水戸市水道低区配水塔

◎茨城県水戸市

▲ドームの足元を紅白の球形の装飾が彩る。1999年まで現役で稼働。近代水道百選、登録有形文化財、土木学会選奨土木遺産。

ドボかわいい！ポイント

近代水道がやってきた！という人々の誇らしい気持ちを体現する華やかなデザイン

JR水戸駅南口より車で約9分。

▲正面の回廊上には消防ホースをかたどったレリーフが二つ並ぶ。

▲窓の上部にも繊細な装飾が施されている。

▶入口上部にはゴシック教会を思わせる複雑な装飾がある。教会ならバラ窓を配する位置には、水戸名物の梅に水道と水戸の「水」をあしらった。

カップケーキのような、コーンに載ったアイスのような、はたまたおとぎの国のお城のようなこの塔、こう見えてれっきとした土木施設だ。水戸市水道低区配水塔は、同市に近代水道が敷設された1932年、低地部の市街へ上水を供給する役割を担い建設された。

ゴシック風の装飾に「梅」と「水」をあしらう

この配水塔は、高さ約22 m、直径約11 mの円筒形で、鉄筋コンクリート造。中間あたりにバルコニー風の回廊がせり出し、屋根はドームになっている。下部のクリーム色と回廊から上の空色の配色がメルヘンチックだ。

上部の正面には、消防ホースをモチーフとしたレリーフが二つ。水道水が飲用だけでなく、消火用にも用いられていたことを象徴する意匠である。丸窓や長窓の上下も繊細なレリーフで飾られている。

1階入口の上部には、ゴシック風の装飾が施され、尖ったアーチの中に相似形の三角窓が二つ並ぶ。中央には、花形に「水」の文字を配したかわいらしいレリーフ。花は言うまでもなく水戸名物の梅の形で、「水」は「水戸」と「水道」の意味を掛けたものだろう。

巨大な鋼製水槽を支える円筒形の躯体

この塔のドボかわいいところは、外観ばかりではない。むしろ内部空間にこそ、その真髄がある。内部は一般公開されていないが、取材のため特別に見せてもらった。

1階は、中央に美しいラインを描く螺旋階段。そこを上がって2階に出た瞬間、思わず声を上げそうになった。天井部分に、俵型をした巨大な鋼製水槽の下部の丸みが露出しているのだ。このタンクは、浄水場から地下配管で引いてきた水をポンプアップして溜めるためのもの。ここで水圧を一定に調整し、各戸へ安定供給するしくみだ。

水槽の容量は約360m^{3}で、一般的な小学校プールと同じぐらい。つまり、360tもの水の重量を支えるのが、あの可憐な円筒形の躯体というわけだ。なんと健気な塔なのだろう。

娘に「塔美子」と名付けた水道技師・後藤鶴松

名称にわざわざ「低区」と付けている以上、もしや「高区」もあるのではないか。そう、かつてはあった。水戸市の地形は、那珂川に沿って市街地が台地と低地に分かれており、

▲2階の天井には、鋼製水槽の下部が露出。円筒形の躯体の壁が水槽を支えているのがよくわかる。

同一の配水塔では給水が困難だったからだ。

ところが、同時期に建設された高区配水塔は、鉄骨の櫓の上にむき出しの水槽を載せただけの素っ気ないデザイン。おまけに低区配水塔も、設計変更前の当初図面では、今ほど優美な姿ではなかった。確かに、水槽を支える機能を満たすだけなら、レリーフや凝った装飾など必要ないのである。

低区配水塔が、どのような経緯でこんなにもラブリーな外観をまとうことになったのかはわからない。設計者として名が残っているのは水道技師の後藤鶴松だ。1930年に水戸市に招聘された後藤は、翌年の起工式当日に生まれた女児に「塔美子《とみこ》」と名付けたという。この配水塔にかける並々ならぬ熱意が伺われるエピソードである。

近代水道のシンボルに 未来の希望を託して

だが、単に後藤の個人的な意気込みだけで、このような意匠が生まれたとは思えない。そこには、近代水道システムを待ち望む水戸市民の想いが込められたのではないか。昭和初期の水道普及率は、全国でまだ30%前後。当時の近代水道は、都市の先進性を体現するインフラだったはずだ。

とはいえ、浄水場や高区配水塔の位置する上流域は郊外だし、配水管は地中に埋まっていて見えない。その点、低区配水塔が建つのは水戸城跡の高台、一番目立つ歴史的な一等地だ。近代水道のシンボルとするにはまさにうってつけ。ここに塔をつくるなら、思い切り華やかなものがいい——。それが市民の総意だったとしても不思議はない。そう考えると、ドボかわいい配水塔が、未来への希望が詰まった大輪の花のツボミに見えてくる。

▲2階からバルコニーのレベルに上がると内部にも回廊があり、水槽の側面が見える。接合部がリベット止めになっているのは、鋼製水槽の特徴だという。

ドボ探《たん》コラム　ドボクって楽しい！ 面白い！

私を土木ラブ♡にした「海底トンネルのつくり方」

私がドボクの魅力に目覚めたのは大昔、ゼネコンの広報部で社内報を担当していた頃のことです。新人だった私は先輩に連れられて、羽田空港の近くにある「川崎航路トンネル」の現場へ取材に行くことになりました。

「海底トンネルの現場だよ」と聞いていたので、船で行くのか?!と思いましたが、なぜかどこまでも陸路を車で進みます。到着した現場は海上ではなく、学校のグラウンドのようにだだっぴろい場所。そこにコンクリート製のバカでかい箱型の筒のようなものが置かれていました。なんじゃこりゃ。

断面が幅40m、高さ10m、長さ130mあるという四角い筒の正体は、「函体《かんたい》」と呼ばれるモノでした。これをいくつもつなげてトンネルをつくるというのです。ふ〜ん、でも、どうやって？　驚いたのは、その「つくり方」でした。

私が立っていた場所は、じつは海でした。海の一部を矢板（要するに鉄板）で囲い、中の海水をポンプで抜いて、一時的に陸にしていたのです。その場所で鉄筋コンクリートの函体を製作し、両端に蓋をした後、矢板を取り去って再び海に戻す。すると、函体は中が空洞なので、プカプカと浮いてくる。それを船で引っ張ってトンネルの場所まで運び、蓋を取って予め掘っておいた溝に沈める――。ざっくり書くと、そんな方法だったのです。

誰がそんなコト考えついたの？　すごい！　土木、面白い!!と、すっかりハマってしまったのでした。

重厚長大な土木の「かわいい」を探せ！

土木の魅力にやられてから約10年。私は会社を辞め、フリーライターとして活動を始めました。それからさらにウン十年。縁あって、建設業振興基金の広報誌に連載ページをもたせていただくことになりました。内容はお任せということで、テーマに選んだのが、「ドボクのかわいい」を見つけ出し、紹介するというものです。

土木構造物と言えば、スケールの大きさが魅力。それは間違いありません。私が最初に心をつかまれた海底トンネルも、巨大な函体をまるでレゴでも組み立てるような“工作っぽい”方法でつくるところに意外性や面白さを感じたのです。

でも、重厚長大であることだけがドボクの魅力なのでしょうか？

近代的な上水道が町の誇りだった頃の凝った意匠の配水塔（p.8）。「水争い」を解決するために編み出された、公平に水を分けることのできる円筒分水（p.132）。村人が総出で掘った、人ひとりがやっと通れるほどの小さなトンネル（p.140）――。小さくて、暮らしに密着したインフラは、地元の人々に愛され、いつまでも大切に手入れをされています。

そんな、ヒューマンサイズのかわいらしい土木構造物を見つけたい。大きな構造物であっても、そのどこかにかわいい面を見出したい。そう思って、全国の「かわドボ」物件を探し歩いているのです。

といっても、私の場合がたまたま「かわいい」だっただけ。ドボクを愛でる切り口は、他にもいろいろあります。ダムや橋を風景の一部として写真に収めるのも素敵だし、形式の違いや、構造の仕組みを知れば、細部を見るのも楽しくなるでしょう。その構造物がつくられた経緯や歴史を調べるのも、好奇心をくすぐられます。

このコラムでは、そんなドボクのさまざまな楽しみ方や、それを実践しているマニアなみなさんのこともお伝えしていきたいと思います。どうぞ、お楽しみに。

◀新潟県の中山峠にある中山隧道（p.140）。冬場は雪で閉ざされ、病院へ行けずに命を落とす人もいたことから、地元の人たちがツルハシ一つで16年かかって掘り抜いたもの。

家康の瀬替えが生んだ“野外アート”

堀切橋と馬見塚橋

◎埼玉県行田市、鴻巣市

ドボかわいい！ポイント

**田園地帯の小川にかかる
幾何学模様の小さな橋は、
徳川家康が「生みの親」!?**

JR高崎線吹上駅から堀切橋まで車で10分、
馬見塚橋までは県道66号を北上して25分。

アーチ・アーチ・アーチ・三角、アーチ・アーチ・アーチ・三角と規則正しく穿たれた高欄の穴。ヨーロッパの古城のバルコニーみたいにメルヘンチックでドボかわいい。堀切橋は、埼玉県行田市の忍川《おしがわ》に架かる橋長20 mに満たない小さな橋だ。

橋台は鉄筋コンクリート、桁は鋼材でできている。橋脚のようにみえるのはラーメン構造※の橋台で、側面がアーチ型にくり抜いてある。近づいてみると、橋台の頂部や高欄の中柱の上には半球が載り、親柱の上部にも不思議な形の装飾が付いている。

※ラーメン構造：柱と梁のつなぎ目を一体化するように接合し、強い骨組みにしたもの

◀堀切橋の全景。橋台は軟弱地盤に強いラーメン構造になっている。橋名は、戦国時代に石田三成が行田の忍城を水攻めした際、この近くで堀が切れて失敗したことに由来するという。

▲高欄にはアーチ型や三角形の穴が並ぶ。

▶高欄の中柱は半球を伏せた下に丸太状の横木が置かれ、側面にはレリーフがある。

ちょっと切ない 元荒川の生い立ち

堀切橋が完成したのは1933年。大正末から昭和初期にかけて埼玉県が実施した「元荒川支派川改修事業」の一環として建設された。

元荒川はその名が示す通り、元は荒川の本流だった。徳川家康の大胆な瀬替え事業「利根川東遷、荒川西遷」によって、荒川が上流の熊谷市で締め切られ、現在の流路になるまでは――。

家康は頻発する洪水から江戸を守るため、合流して東京湾へ注いでいた荒川と利根川の分離を計画。利根川は東側の銚子沖へ、荒川は西側の入間川から隅田川へと流れるルートに付け替えた。これによって洪水が減ると同時に、舟運や上流からの木材運搬が盛んになり、江戸は大きく発展した。

一方で、切り離された荒川の本流は「元荒川」となり、その水量は大幅に減った。「元〇〇」とは、ちょっと切ない呼び方だ。タレントのモト冬樹さんについて「元冬樹なら、今は誰なんだ」というギャグがあったが、まさにあれ。「昔は荒川だったんだがなあ」という元荒川のボヤきが聞こえてきそうだ。

支流沿いの農村は、元荒川の水が減ったことで、灌漑用水の不足に悩むことになった。また、これらの支流は後に、水位の高い見沼代用水に連結されたため、灌漑に使ったあとの排水も思うようにいかなかった。

そこで、計画されたのが、支流の拡幅や堰の改良などを一体的に実施する改修事業だ。元荒川の支流は最終的に荒川、中川、利根川に合流することから、支流の改修は、国が進めていた3川の改修工事と同時期に実施された。

個性的な意匠で 存在感を示す橋梁群

支派川改修と同時に、堀切橋をは

▲堀切橋から7kmほど離れたところにある馬見塚橋。元荒川支川の星川に架かる。吊り橋を模したと思われる高欄の形は、ティアラのようにも見える。

じめ多くの橋が架け替えられた。星川に架かる馬見塚《まみづか》橋もその一つだ。このとき建設された橋や堰などの構造物は、どれも独特の意匠が施されていた。80年以上たった今も、現役で使われているものがいくつかある。

馬見塚橋のドボかわいらしさは、何と言っても吊り橋を模した形の高欄にある。堀切橋とは対照的に、穴はなく全面がコンクリートだ。それでも重い印象にならないのは、高欄の高さが50cm程度と極めて低いからだろう。橋上を歩いて渡ると、ちょっとしたスリルを味わえる。

さらに、側面や中柱に施されたレリーフの味わいも捨てがたい。古びた黒っぽいコンクリートに浮き上がる渦巻きや縞模様は、縄文土器を思い起こさせる。

堀切橋は「野外アート風の橋」のデザインが評価され、2014年に土木学会の「選奨土木遺産」に選ばれた。馬見塚橋は「日本の近代土木遺産」だ。家康の命による瀬替えで元荒川が生まれ、そのために支派川改修が必要となり、結果として堀切橋や馬見塚橋が生まれた。つまり、家康こそが、これらの橋梁群の「生みの親」とは言えまいか。

◀レリーフも面白い。

ドボ探《たん》コラム　橋の「横顔」を愛でる①

みなさんは、「土木構造物」と聞いて何を思い浮かべますか？　「橋！」という人も多いのではないでしょうか。

日本には、道路橋だけでおよそ70万橋もの橋が架かっているそうです。それだけに誰にとっても身近な存在だし、比較的ジミめな土木構造物の中にあって、華やかな外見を持つものが少なくありません。最近のコンクリート橋のシャープで無駄のないデザインも美しいけれど、木や石や鉄（鋼）でできた古い橋の構造美もすばらしい。全国の橋を巡り、写真を撮ってブログやSNSにアップする“橋梁マニア”の方々もたくさんいらっしゃいます。ここでは、橋の魅力を味わう見方をご紹介します。

渡るだけでは気づきにくい
“イケメン橋”の横顔

橋って、そもそも渡るためのものですよね（←当たり前）。

でも、のほほんと渡ってしまうと、せっかくの橋の美しさや迫力を味わい損ねてしまうことがあるんです。なぜなら、形式によっては、肝心な部分が橋の下に隠れていたりするからです。

橋は、路面の位置によって「上路式」「中路式」「下路式」に分類されます。通路が橋の上面にある「上路式」と呼ばれる形式のアーチ橋などは、残念なことに、一番の見どころであるアーチ部分が路面の下にあるので、橋の上からはほぼ見えません。横から見て初めて、「アーチ橋だったのか！」と気づくことも多いのです。

じゃあ、どうしたらいいでしょうか。

川に架かっている橋ならば、隣の橋まで行って、そのまん中からお目当ての橋を見る。そうすると、橋の横顔が見えます。「えっ、毎日渡っていたあの橋、横から見るとこんなにカッコよかったんだ！」と驚くかもしれません。たとえば、いつも向かい合って座っていた恋人といい雰囲気になって、夜中にふと目が覚めたとき、隣で眠る彼または彼女の横顔を見てはっとする、あの感じです（笑）。

橋を愛でるのにオススメなのが、ダム湖など湖の周遊道路をドライブすること。道なりに走っていけば、対岸にある橋の横顔が自然に目に入ってきます。ただし、運転にはくれぐれも注意してくださいね。橋をじっくり見たければ、安全な場所に車を停めて。橋のディテールを観察するには、双眼鏡があればベストです。

（p.19に続く）

通路の位置による種類

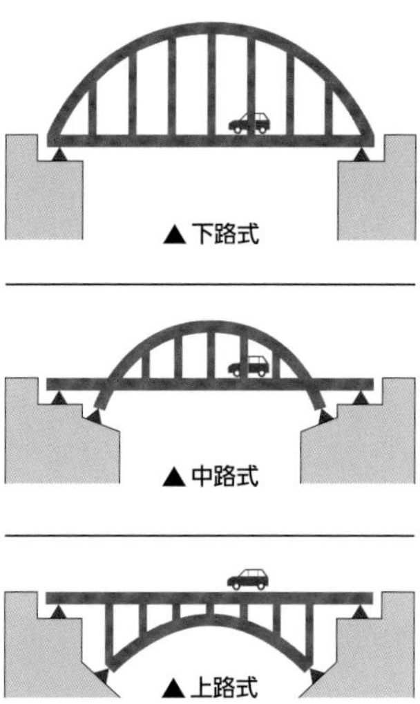

◀上路式のアーチ橋では路面がアーチ部分の上にあるので、渡っているときはアーチ橋と気づかないことも（東京都青梅市にある奥多摩橋）。

「朝まで待って」と伝えた明治の灯台

鍋島灯台

◎香川県坂出市

ドボかわいい！ポイント

瀬戸内海の無人島に
ちょこんと載った、
白いエンジェル

通常は鍋島には入れないが、陸続きになった与島までは行くことができる。坂出駅から与島まではバスで約30分。

JRのマリンライナーで岡山から四国へ渡るとき、瀬戸大橋の高欄の間から、小さな丸い島のてっぺんに建つ白い灯台が見える。鍋島灯台だ。鍋島は「大きめの岩」と思えるほどの無人島で、灯台の高さもわずか10m弱。全体のこぢんまりした趣きがドボかわいい。

鍋島灯台に初めて灯が点ったのは1872年（明治5年）12月。明治に洋式灯台が建設されるようになったごく初期のもので、約150年前の創建時の姿がほぼそのまま残っている。

▲瀬戸大橋が通る与島の南端（画面の右下）に鍋島灯台が見える（写真：下も高松市）。

◀鍋島灯台の全景。１階に半円形の付属室が付いている。ブラントンの設計した灯台に多く見られるデザインだ。隣接する「小与島」の花崗岩を切り出して積み上げた。一般公開は不定期。

▶鍋を伏せたような形状から名前がついたと言われる鍋島。元は独立した島だったが、今では堤防で与島と陸続きになっている。「灯台守」の職員が住んだ「灯台退息所」は近代洋風建築として四国村に移築されている。

難所の手前で 船を停める「停泊信号」

幕末にアメリカ、イギリス、フランス、オランダと結んだ通商条約の追加協定（改税約書）で、開港に備えて日本の沿岸に8基の灯台を建設することが決まった。航路標識の整備は、列強をキャッチアップしようと海運の強化に乗り出した日本にとっても、重要な施策だった。

その後、明治に入り、鍋島灯台をはじめ多くの灯台建設を指揮したのが、「お雇い外国人」と呼ばれた外国人技師の一人、イギリス人のブラントンだ。

鍋島灯台で面白いのは、建設当初の役割だ。私は、灯台といえば、夜間に船が安全に航行するための目印とばかり思っていた。だが、鍋島灯台は「停泊信号」、すなわち、船がその先へ進まないよう停めるための灯台だったのだ。

瀬戸内海は、東西450km、南北50kmほどの内海に数千の島々が散在する。船は、狭く長い航路を座礁の危険と背中合わせで進まなければならなかった。陸の明かりも今ほどなく、灯台も未整備だった当時、夜間の航海は特に厳しかったことだろう。外国船はこの航路を「Dark Sea（暗黒の海）」として恐れたという。

だが、随所に灯台を設置するには、莫大な費用がかかる。しかも、島影に光がさえぎられがちなこの海で、その効果は未知数だ。そこで、ブラントンは考えた。「夜間に無理な航海を促すより、安全な場所に停泊させ、夜が明けてから難所を通せばよいのではないか」——と。

こうして香川県坂出沖の鍋島灯台と愛媛県松山市沖の釣島灯台の2カ所に限っては、船舶の停止信号として使われることになったのだった。

「灯台の父」が 今に伝える土木の思想

ブラントンが日本で「灯台の父」

▲水銀の入った容器（水銀槽）にライトを浮かせる構造。数100キロの重いレンズを小さなトルクで回すことができる。今は電動モーターだが、以前は吊り下げた分銅によって回転させていたという。

▲レンズ台の銘板には、土木技術者スティーブンソン兄弟とスコットランドの首都エジンバラの名が記されている。創設時にレンズとともに輸入されたと見られる。

▲灯台は近くのものと区別するために光り方と色の組み合わせをそれぞれ変えている。赤と緑の２色が交互に光る「不動赤緑互光」は珍しいという。

としてたたえられていることは、以前から知っていた。今回驚いたのは、資料の中に「ブラントンは鉄道技師で…」という一文を見つけたことだ。え、鉄道？　灯台技術者じゃなかったの？

じつは、ブラントンは来日するまで鉄道を専門とする土木技師だった。スコットランドの著名な灯台技術者であるスティーブンソン兄弟によって、日本に灯台技術を導入するための人材として選ばれ、わずか2カ月間の研修を経て派遣された。

明治維新直後にやってきた26歳のブラントンは、灯台建設予定地の調査と選定に精力的に取り組んだ。これと並行して居留地の道路建設や横浜での電信建設と鉄橋建設、実現しなかったものの上水道計画も手掛けている。まさに八面六臂の活躍ぶり。灯台ばかりでなく「日本の近代土木の父」なのだ。

灯台の計画にあたっては、むやみに数を増やすのではなく、「危険な場所は朝まで待つ」という柔軟な発想で、最も合理的で効果的な配置を提案したブラントン。今では通常の灯台と同様、夜間の航海を導く鍋島灯台は、彼の遺した「ドボクの心」を特徴的な赤と緑の光に込めて、今夜も瀬戸内海を照らしている。

▲ドームの上には「東西南北」の文字をデザインした風見鶏と、落雷から機器を守る避雷針が付いている。

ドボ探《たん》コラム　橋の「横顔」を愛でる②(p.15より続く)

橋のカタチや形式に明確な理由あり

私は以前、橋マニアのみなさんに、東京・奥多摩湖の橋巡りツアーに連れて行っていただきました。小河内ダムの貯水池である奥多摩湖には、ダム建設の資材運搬のために1930年代～50年代に架設された形式の異なる橋がたくさんあり、まさに橋の展示場。

橋の代表的な構造形式には、アーチ橋、桁橋、吊り橋、斜張橋《しゃちょうきょう》などがあります。これらは、橋にかかる力をどのように支えるか、その方法による分類です。この構造形式と、先ほどの「路面の位置」、そしてコンクリートか鋼かなどの材質によって、橋の外観に個性が表れます。

奥多摩湖の橋の多くは、下路式または中路式の鋼アーチ橋です。周遊道路が低いところを通っているので、橋桁から水面までの距離が短く、アーチ部分が橋桁の下にくる上路式では無理だったからです。現地へ行ってみると、たしかに、橋の下にはあまり大きな空間がありません。これで上路式にしたらアーチが水没しちゃうよね、というのがよく分かります。

橋に限らずどんな土木構造物もそうですが、必ずその形式が選択された明確な理由があるはず。それが分かると、橋を眺める楽しみがいっそう広がります。橋を見に行くならぜひ、橋本体だけでなく、地形と形式の関係や、周囲の風景との調和なども観察してみてはいかがでしょうか。

▲奥多摩湖に架かる中路式の鋼アーチ橋。三日月型のアーチの中間部分に道路が通っている（奥多摩湖の麦山橋）。

▲下路式の鋼アーチ橋。この橋は、アーチだけでなく桁の部分でも力を分担している「補剛アーチ橋」という形式だ（奥多摩湖の深山橋）。

鉄道草創期の熱風が遺した刻印

御庄野橋梁・新道橋梁・国分橋梁

◎滋賀県甲賀市

ドボかわいい!ポイント

日本の鉄道草創期のドラマを感じさせる、煉瓦アーチの橋梁三兄弟!

JR草津線貴生川駅から御庄野橋梁まで約700m、新道橋梁と国分橋梁までは駅を挟んで反対方向へ1.5km程度。

2月下旬とは思えぬ陽気に誘われて、JR草津線貴生川《きぶかわ》駅の近くでレンタサイクルを借りた。3段変速のママチャリで、舗装道を快適に飛ばす。サイクリングの目的は、滋賀県甲賀市に残る草津線の三つの橋梁を見に行くことだ。

こだわり抜いた意匠が魅力の明治橋梁三兄弟

貴生川駅から隣の甲南駅方向へ、一面に広がる水田の脇を5分も漕いだろうか。JR草津線の土手へ延びる細い農道が見えた。「たぶん、あそこだ」と目星をつけて、田んぼのほうへ下りていくと、あった！　1890年

◀御庄野橋梁の全景。下を通るときに声が反響することから、地元の子どもたちは「わんわんトンネル」と呼んでいるとか。

▶御庄野橋梁の上部には、煉瓦の角を三角に見せた「蛇腹」を挟んである。

◀新道橋梁の煉瓦は、上部がヘリンボーン状の飾り積み、その下はイギリス積み。

竣工の煉瓦アーチ橋、御庄野《みしょうの》橋梁だ。想像よりもずっと小さい。

上を草津線の線路が通っているので、分類上は鉄道橋梁なのだが、アーチの下には農道が通っており、トンネルのように見える。幅は小型車1台がやっと通れるサイズ。高さも大人が手を伸ばせば天井につくほどで、道路標識の高さ制限はわずか1.5mだ。

しかし、そのかっちりとした端正な造形や、煉瓦の装飾が施された意匠は驚くほど凝っている。側面は、煉瓦の長手を見せる段と小口を見せる段を交互に重ねた「イギリス積み」。上から3段目には、小口の向きを斜めに振って角を見せる「蛇腹《じゃばら》（コーニス）」を挟んである。

御庄野橋梁から貴生川駅へ戻り、今度は反対の三雲駅方向へ。橋を渡り、杣川《そまがわ》沿いの道を進む。頬をなでる風が心地よい。ほどなく、新道《しんみち》橋梁に着いた。御庄野橋梁より少しだけ大きく、高さ制限は1.8m。

この橋は、側面の上部に「ヘリンボーン」の装飾があるのが印象的だ。よく見ると、上から2段めが一つおきに凹凸になっていたり、アーチと下の壁の境目に装飾帯が入っていたりと、細かいところにもこだわりが見られる。

新道橋梁の300m先にあるのが、

▲国分橋梁の上部に施された関西鉄道時代の社章。黒っぽい焼き締め煉瓦で凹凸をつけ、周囲から浮き上がらせている。

国分橋梁だ。この橋の特徴は、何と言っても側面上部に浮き彫りになったエンブレム。これこそ、御庄野・新道・国分の橋梁三兄弟の出自を物語る紛れもない証なのだ。

▲新道橋梁と草津線の電車。田園風景の中を一直線に草津線の線路が通り、農道と交差する箇所は土手を切り通しにして小さな橋梁が架かっている。

▲国分橋梁の内部には、レール材で補強が施されている。

東海道VS中山道で揺れた日本初の官設鉄道ルート

国分橋梁のエンブレムは「関」の字を丸くデザインしたもので、明治時代に存在した私鉄、関西鉄道の社章。滋賀の弘《ひろ》世《せ》助三郎《すけさぶろう》、三重の諸戸《もろと》清六《せいろく》、京都の田中源太郎といった実業家が、政治家の前島密を社長に担ぎ、1888年に設立した会社だ。当時は政府の後押しもあり、私鉄への投資がブームになっていた。

しかし、関西鉄道の創立にかける地元実業家たちの熱は、少し趣が違った。というのは、日本初の鉄道幹線、今で言う東海道本線のルートから漏れた雪辱が折り込まれていたからだ。

明治政府が計画した東京と大阪を結ぶ鉄道は当初、東海道経由と中山道経由の2案あった。いったんは中山道案に決まったものの、工期が半分ですむと分かり、途中から東海道ルートに変更。ところが、中山道ルートの大垣―長浜間が先行して開業していたことから、名古屋―草津間だけは中山道経由となってしまった。

期待していた鉄道が来なくなった東海道沿道の落胆は想像に難くない。ならばわれわれの手で、と立ち上がった三重・滋賀の有志が、後に京都鉄道を起こす田中らに資金面の相談を持ちかけ、賛同を得たという。

関西鉄道は草津―四日市間を1890年に全通させた後も路線網を広げ、大阪にも進出。名阪間では因縁の東海道線と熾烈な乗客獲得合戦を繰り広げた。この競争は日露戦争による軍需輸送優先策で終結。関西鉄道は1907年に国有化された。

国分橋梁に残る社章は、明治という特別な時代を吹き抜けた熱風が押した刻印なのかもしれない。

ドボ探《たん》コラム

「土木博士たちとめぐる吉田新田の橋クルーズ」に参加!①

真冬の川面を屋根なしの舟で川めぐり

「舟好き三上さん！　横浜の大岡川と中村川を舟でめぐるツアーをします。ご一緒にいかがですか？」。ある日、コンクリート工学の博士号をもつ女性の友人から、SNSにこんなメッセージが。たしかに舟に乗るのは大好きだけど、12月半ばですよ？　水の上は、想像以上に寒いですよ？　でも、ここで断ってはドボク探検倶楽部の名折れです。それに、横浜の川にどんな橋が架かっているのか見てみたい。数分間迷ったあげく、私の指は「やっぱり行きたい！　参加させてください」と返信を打っていたのでした。

今回の川めぐりのタイトルは「土木博士たちとめぐる吉田新田の橋クルーズ」。土木博士「たち」というとおり、誘ってくれた彼女の他に、彼女の恩師や知人の土木博士の方々が何人も乗船されるとのこと。すごいですね〜。案内役は、橋梁や防災などを専門とする土木博士の松永昭吾さん。松永さんは、「噂の土木応援チーム デミーとマツ」のマツさんとして、子どもたちに土木の面白さを伝える活動もしています。土木広報大賞2019の準優秀賞を受賞したデミマツの活躍ぶりは、私も存じ上げておりました。これは楽しいツアーになりそうです。

関東大震災後のスピード復興を可能にしたシンプルな桁橋

ライフジャケットを身に着け、いよいよ乗船です。「今日は土木博士がいっぱい乗っているので、じつはワタクシ、大変緊張しています」と船上の笑いを取りつつ、にこやかに案内を始めるマツさん。そこからの説明はさすが専門家、一般の人たちはほとんど知らない情報をとてもわかりやすく紹介してくれました。

横浜の吉田新田は、大岡川と中村川に挟まれた釣り鐘型のエリア。ここは、もとは入り江で、江戸前期に材木商の吉田勘兵衛が干拓したそうです。急激に人口が増えた江戸の食料基地として、新田が求められたのでしょう。江戸末期になり、さらに沖合へ向けて現在の横浜中華街や、市役所のある関内なども埋め立てられました。

私たちの乗った舟「ベネチア号」は、日の出桟橋を出て、大岡川を遡ります。横浜は1923年（大正12年）の関東大震災で大きな被害を受けました。大岡川をはじめ市内の河川に架かる254橋のうち97橋が被災したと言います。「復興・復旧事業によって改修・新設された橋は178橋あり、そのうち40橋が現存しています」とマツさん。

一般に、道路の橋は、古いものがあまり残っていないそうです。その理由は、トラックなど重い車両が増えたからで、大きな荷重がかかっても大丈夫な橋に架け替えられたのです。ちなみに、鉄道の車両は昔より今のほうが軽くなっているので、古い橋がそのまま使用できるケースが多いのだとか。なるほど〜。

ベネチア号が赤い橋の下をくぐりました。現存する復興橋梁の一つ、「太田橋」です。関東大震災後に新設された復興道路が大岡川をまたぐ箇所に架かっています。橋を下から見ると、構造がよくわかる！　太田橋の下面には、断面がI型の鋼板が並んでいました。これは「プレートガーダー」という構造形式。プレートは鋼板を指し、ガーダーは「桁《けた》」の意味。つまり、「縦に並べた鋼板で荷重を支える桁橋」ということです。

マツさんによれば、横浜の復興橋梁の８割以上がこのタイプの橋とのこと。震災前の橋はほとんどが木造で、被災によって多くが焼け落ちてしまったことから、交通網を復活させるために急いで橋を架ける必要がありました。このため、シンプルで早く建設でき、コストも抑えられるプレートガーダーが採用されたのです。さらに今では、大きな地震が来ても橋が落ちないように、「落橋防止装置」が取り付けられています。　（p.27に続く）

▲太田橋の落橋防止装置（写真中央）。地震の揺れで橋桁が橋台（護岸）からずれても落ちないように、腕のような部材を延ばして桁を支えている。

大手橋の全景。幅員が約6mと狭いため、
現在では外側に歩道が付加されている。

鋼をコンクリートに替えた“ゾウの滑り台”風アーチ橋

大手橋

◎長野県木曽郡木曽町

ドボかわいい！ポイント

**一人の土木技術者の
信念と英断から生まれた、
「鉄筋コンクリートローゼ桁」**

JR中央本線木曽福島駅から徒歩約15分。
車の場合は伊那ICから約40分。

私が幼少のころ、児童公園にはたいてい、コンクリート製の動物たちがいた。クマ、カメ、座り込むラクダ。パンダはまだ来日していない(笑)。ゾウやキリンやタコは、長い鼻や首、脚を生かして滑り台になっていたりする。

長野県・木曽福島の大手橋を見た瞬間に思い出したのが、この「ゾウの滑り台」だ。アーチのてっぺんから端へ向かってなだらかに下ってくるカーブといい、平らになった終点といい、どっしりした存在感といい、雰囲気がよく似ている。

だが、素朴で愛嬌たっぷりの外見とは裏腹に、この橋の誕生には、あ

▲"ゾウの滑り台"を思わせるなだらかな曲線が大手橋の魅力。コンクリートローゼ桁は一時期、日本各地に広まった。なかでも発祥の地である長野県内には最も多く、1960年代までに33橋が架けられた。

る技術者の格闘があった。

塗装が剥げたままの鋼橋を見るに忍びない

1936年に完成した大手橋の設計者は、土木官僚の中島武。27歳で長野県に赴任した中島は、ここで「鉄筋コンクリートローゼ桁」という前例のない橋梁型式を開発する。

ローゼ桁はアーチ橋の一つで、コンクリート橋ではなく鋼橋、つまり鉄製の橋の構造として考案されたものだ。これをコンクリートで作るには、複雑な構造計算が必要になる。

コンクリートという素材自体、本格的に使われるようになって間もなく、1931年に技術基準を定めた「鉄筋コンクリート標準示方書《しほうしょ》」が制定されたばかり。施工品質にもバラツキが見られた。

数々のリスクを負いながら、中島がコンクリートにこだわったのはなぜか。

二つの大戦の戦間期で鋼材が不足し、その節約が叫ばれていたことが理由の一つだろう。ただ、中島の論文を読むと、それだけではなかったことが分かる。

当時、財政難により既設の鋼橋の塗り替えができない自治体が続出。中島は「ペイントがまったく剥離して赤錆《あかさび》色に覆われたる橋梁の次第に増加し行くさまを見て寒心に耐えぬ」と嘆く。そして、「コンクリート橋は鋼橋に比べて架設費がずっと安く、橋梁の寿命は長く、しかも維持費がかからない。国家経済より考えてまことに好ましい」と主張するのだ。

型枠をはずした瞬間感涙にむせび監督と握手

中島がコンクリートを採用したかった理由は分かった。だが、日本では鋼橋でさえ架橋実績のなかったローゼ桁をあえて選んだのはどういうわけだろう。同じ論文には「鉄筋コンクリートをもって長径間の下路橋を実施せんがため」とある。

じつは、大手橋は過去に二度も洪水で流失した経緯があった。こうした場所では、流水の妨げになる橋脚は極力減らしたい。だからこそ中島は、長径間、つまり橋脚と橋脚の間を長くできるアーチ橋が最適と判断したのだ。

ただ、路面の下にアーチを置く「上路式」は、桁下に十分な高さがないと難しい。大手橋は街なかの平地に位置することから、アーチ橋とするなら橋桁の上にアーチがくる「下路式」しかない。

中島は下路式の3種、すなわち荷重を受けて曲がろうとする力に主にアーチで抵抗する「タイドアーチ」、主に桁で抵抗する「ランガー桁」、アーチと桁で均等に抵抗する「ローゼ桁」を比較検討。コンクリートでつくる場合、部材の交点が固定される

▲両側のアーチをつなぐ横構。下辺の曲線もおだやかだ。

「剛接合」となること、重心を低くできることなどから、ローゼ桁が最も適していると結論づけた。

しかし、理論上、計算上は確信を持っていた中島も、大手橋の工事でコンクリート型枠と支保工（仮設の支え）をはずす瞬間には、かなり緊張したようだ。このときの様子を後に「たわみを計測しながら見守り、設計どおりできたとわかったときは、橋の下で感涙にむせびながら現場監督と握手した」と語っている。

洪水が多い、鋼材が手に入らない、維持管理費も出ない——。誰も手を付けていない技術に切り込み、山積する問題を解決した中島武。すさまじいまでの技術者魂が、ドボかわいいゾウの姿を借りて、今も木曽川の急流を見下ろしている。

▲側面にはコンクリートに凹みが施されている。重量を軽くするのが目的だが、意匠性にも配慮している。

ドボ探《たん》コラム

「土木博士たちとめぐる吉田新田の橋クルーズ」に参加!② (p.23より続く)

二段になった高速道路の裏側にあるもの・ないもの

ベネチア号は大岡川の分岐点から中村川へ入りました。ここからは海へ向かって下っていきます。ほどなく見えてきたのは、石張りの「吉野橋」。これも形式はプレートガーダーですが、両脇に石橋のようなアーチがあって重厚な雰囲気です。このアーチ部分は、桁を支える「橋台」。「橋台がアーチ型にくりぬかれているのは、川の流れや船の航行を妨げないようにするためです」とマツさん。通常、橋台は橋のたもとに設けられますが、用地買収が難しい場合は、吉野橋のように川の中に設ける場合があるそうです。マツさんは「復興が急がれた横浜では、こうしたケースは珍しくありませんでした」と説明します。

中村川をしばらく進むと、赤いトラスの「浦船水道橋」が見えてきました。「トラス」というのは三角形が連なった構造のこと。なかでも、この橋のように斜めの部材が“逆ハの字”になっているものを「プラットトラス」と言います。明治時代半ばの1893年に、下流の堀川に架けられた橋が、二度の移設を経て1989年にこの場所へ移されたもの。最初に架けられてから、すでに120年以上が経過していることになります。すごい、ご長寿橋!

中村川の上空には、首都高速道路が通っています。出入口に向けて分岐している箇所でマツさんは、高架橋の裏面を指差しました。「見てください。高い方と低い方では仕様が違い、高い方にだけ吸音板が貼ってあります」。あ、本当だ。でもなぜ高い方だけ? 「低い方の高速道路を走る車の騒音が、高い方の高架橋の裏面に反射して周囲の街に届くのを防ぐためです」とマツさんが説明。低い方の高架橋の下は川なので、車が通ることはないため、低い方の裏面には吸音板は必要ないのだそうです。う〜ん、トリビア。

▲橋台や欄干が石張りの吉野橋。2019年3月に横浜市の歴史的建造物に認定された。

▲中村川に架かる浦舟水道橋。斜材が“逆ハの字”のプラットトラス形式。

中村川から堀川へと進むベネチア号。海に近いこの川には、「西の橋」と「谷戸橋」という二つのアーチ橋が架かっています。いずれも、アーチの上に路面がある「上路アーチ」という形式です。この形式は、水面から道路面までの高さがないとできません(アーチの端が水中に入ってしまうので)。吉田新田の埋め立てに伴ってつくられた中村川とは違い、堀川はもともと砂州だった部分を掘った運河で、水面から道路面までの高さが十分あるのです。両方とも、横浜市歴史的建造物や土木学会選奨土木遺産に認定されています。 (p.31に続く)

◀西の橋(左)と谷戸橋(右)は、横浜の復興橋梁のなかでは珍しいアーチ橋。アーチが護岸と接する支承(点線)をシュー(shoe)と呼ぶ。「shoeは靴なので、日本では沓《くつ》とも呼びます」とマツさん。

正面から見た岩保木水門。木造の上屋は何度か補修され、趣のある姿を保っている。中には門扉を上下させるための手動巻き上げ機が４基格納されている。

開拓史に刻まれた湿原の「開かずの水門」

岩保木水門

◎北海道釧路郡釧路町

ドボかわいい！ポイント

**横顔はツリーハウス風！
木造上屋付きの
「開かずの水門」**

釧路市内から車で北上して20～30分。電車の場合は釧網本線釧路湿原駅から2kmほどだが、夏季にしか停車しない。

右も左も、見渡す限り草原と低木が広がっている。ここは日本最大の湿原として名高い北海道・釧路湿原の東端だ。

道路から、湿原の手前に小さな木造校舎のような建物が浮かんで見える。近づいてみると、鉄筋コンクリート造の水門の上屋だった。

２枚の門扉を支える３本の樋柱のうち、中央の柱に毛筆体で「昭和六年八月竣功　岩保木水門」と書かれている。なんだか「昭和小学校六年八組　岩保木水門」と書かれた小学生の名札みたいでドボかわいい。「岩保木」は「いわぼっき」と読む。アイヌ語で「山の下」の意味だという。

▲横顔は、ツリーハウス風のプロポーション。階段と手すりがかわいい。

土木学会の所蔵する戦前の資料に、建設中の写真があった。水門の上部はまだむき出しで、門扉を上下させる手動巻き上げ機が合計4基設置されている。校舎風の上屋は、これらの機械を保護すると同時に、水門の管理者が2枚の扉の上を行き来して操作するためのものだ。

ところが、じつはこの水門、完成してから一度も開閉されたことがない、という。いったいどうしたことだろう。

新水路と鉄道の登場で通す船がなくなった

屈斜路湖を水源として釧路湿原を蛇行し、釧路市内を通って太平洋へ注ぐ釧路川。岩保木水門は、釧路川が人工河川である新釧路川と分岐する地点にある。

古来、アイヌ社会では釧路川を内陸と海を結ぶ交通路として利用していた。明治の開拓使時代に流域の開発が進むと、舟運はいっそう盛んになった。しかし、生活や経済活動に欠かせない釧路川も、大雨になると姿が一変。度重なる洪水は人々を苦しめた。

1920年（大正9年）、湿原の下流域にあたる釧路市街地が未曾有の大洪水に襲われたのを受け、大規模な治水工事が計画された。釧路川を岩保木地点で分流し、延長11kmの新水路を掘削。洪水時には旧水路を水門で遮断し、全流量を新水路へ流して市街地を守る。一方で平時は水門を開けて、木材の流送や舟運に役立てるはずだった。

しかし、1930年10月に新水路が完成すると、旧水路は水位が下がり、船の航行が困難になる。翌31年8月に水門が竣工した頃には、上流からの物資は新水路を通って釧路港で船に積み込まれるようになっていた。また同年には輸送の主力となるJR釧網本線も開通した。

こうして旧水路に船を通す必要がなくなり、釧路港への土砂流入を防ぐために、水門は閉鎖したままとなった。その後、1985年には老朽化に伴い、近くに新岩保木水門が建設され、旧水門は完全に役割を終えた。

最先端の治水工事で釧路市の発展に寄与

岩保木水門で分岐した釧路川は、新水路が「新釧路川」、旧水路は従来どおり「釧路川」と呼ばれている。釧路市は、釧路川の河口に発展したまちだ。今では上流や新釧路川と切り離されているものの、観光名所・幣舞橋《ぬさまいばし》の下を流れる釧路川は、相変わらず市民に親しまれている。

岩保木と太平洋を一直線に結ぶ新

▲水門の前に広がる新釧路川と釧路湿原。

釧路川は、釧路川の河口から2 kmほど西側で海へ注ぐ。その工事では国が、当時最新鋭だった掘削機「エキスカベーター」を導入して泥炭湿地の掘削を実施。また、コンクリート護岸工法を確立して、全国の先駆けとなった。

一連の治水事業が完了して以降、釧路市街地では浸水被害がほとんど発生していない。地域の発展に大きく寄与したとして、新釧路川は2014年度に土木学会選奨土木遺産に認定されている。

一方、岩保木水門は、滔々と流れる釧路川と雄大な釧路湿原を背景として、夕日の絶景ポイントに華を添える。湿原の開拓と治水の歴史を伝える貴重な遺構だ。

◀取材時に、運良く遭遇した野生のタンチョウ。子育てシーズンで警戒心の強まる夏に姿を現すのは珍しい。

▶万一、洪水が起こったとき、釧路市街を守るために設置されている新岩保木水門（1985年竣工）。無人で遠隔制御しているという。

ドボ探《たん》コラム

「土木博士たちとめぐる吉田新田の橋クルーズ」に参加！③(p.27より続く)

新市庁舎と桜木町駅をつなぐ人道橋の送り出しに遭遇

　堀川から横浜港へ出ると、横浜ベイブリッジの美しい姿が見えました。大さん橋には豪華客船ダイヤモンド・プリンセスが着岸しています。

　ベネチア号は横浜港から再び大岡川へ。河口付近では、完成間近の横浜新市庁舎が見えました（2020年1月時点）。これとあわせ、大岡川をまたいで新市庁舎と桜木町駅をつなぐ歩行者専用の人道橋も建設されています。川の中には作業用の足場をかけられないことから、橋は桜木町駅側でつくって新市庁舎側へ少しずつスライドさせて架設します。後日調べたところ、全長およそ50mの橋を2回に分けて送り出したようで、クルーズの日は、ちょうど1回目と2回目の間でした。架設中の橋がつながる直前の一瞬に出合うとは、私たち、かなりラッキーだったのではないでしょうか。

　いよいよクルーズ終盤。ベネチア号はスタート地点の日の出桟橋へと向かいます。すると、右側にものすごく横に長い2階建ての建物が見えました。川のカーブに沿って建物も湾曲しています。間口の狭い店舗がズラリと並んでおり、その多くが飲食店のようです。聞けば、これが有名な「野毛都橋商店街ビル」で、細かく仕切られた間口の形状から別名「ハーモニカ横丁」と呼ばれるスポットです。このビルは、1964年の東京オリンピックのとき、戦後にできた闇市を収容するために建てられたものだそう。今では歴史的建造物として保存活用されています。

　ハーモニカ横丁のディープな昭和レトロの残り香に浸っているあいだに、ベネチア号は日の出桟橋へ到着。およそ2時間のインフラ・クルーズが終了しました。予想に反して全然寒くなく、穏やかな日差しの午後でした。

　大正時代の関東大震災で被災した橋が、昭和初期の短期間で復興。終戦後、まちに残っていた混乱は、前回の東京オリンピックを機に整理され、川の上には高速道路もできました。高度成長期から平成バブル期にかけて、湾岸を結ぶ大きな橋や港も整備され、令和の今、新たな市庁舎や再開発も進んでいます。

“東京の隣”という宿命から、さまざまなかたちで東京の影響を受けながらも、常に新しい風を取り込み、独自の発展を遂げてきた横浜。土木博士たちとのクルーズは、インフラを通じて横浜のそんなたくましい一面を覗かせてくれる貴重な体験になりました。

▲海上に優美な姿を見せる横浜ベイブリッジ。2本の塔から斜めに張ったケーブルで桁を吊る「斜張橋」だ。

▲「ハーモニカ横丁」と呼ばれる野毛都橋商店街ビル。約60の飲食店が営業している。

▲建設中の人道橋の真下を舟でくぐった。緑色の部分は送り出し用のガイドレール。グレーの部分が本設となる橋の桁だ。

谷や川、道路などを越えて水を運ぶために架ける水路橋には、橋の上に水圧管を載せるタイプと、上部構造をそのまま水路として使うタイプがある。膳棚水路橋は後者。

ズラリと並んだ「水」の文字が支える“空中の川”

膳棚水路橋

◎栃木県那須町

ドボかわいい！ポイント

偶然か、意図したものか。
漢字の「水」に見える橋脚が
「水路橋」をアピール

JR黒磯駅から車で約25分。町民バスの場合「追分・黒磯駅線」の稲沢停留所から膳棚水路橋まで徒歩7分ほど。そこから黒川発電所へは逆方向に約20分。

空中を川が流れている――。水路橋を上から覗くと、開渠（蓋のない水路）の中を勢いよく流れる水が見えた。地上では、水音は聞こえても、桁の上がどうなっているかは分からない。斜面をよじ登ってみたら、いきなり水だったのでちょっと驚く。橋の上を水が流れていくさまは、なかなかレアな光景だ。

自然流下の勾配を保つため高所につくられた水路橋

膳棚水路橋は、栃木県の北東部、那須町にある水力発電所「黒川発電所」へ、発電用水を導水するための橋だ。

▲上から見ると、水路橋の上部構造自体が水路になっているのが分かる。

水力発電では、水の落差を利用して発電用タービンを回す。黒川発電所はダムを持たず、川の上流から取水した水を自然流下させることで落差を得る水路式の水力発電だ。それには、取水口から一定以上の勾配を維持したまま発電所まで導水する必要がある。

取水口は黒川と余笹川の上流2カ所にあり、そこから取水した水が、約5kmの導水路を通って発電所へ送られる。区間の大部分は山間部なのでトンネルだが、この場所だけ平地を通ることから、高さ4.5mの位置に橋が架けられた。

黒川発電所と膳棚水路橋が竣工したのは、1921年（大正10年）。当時は電力の自由競争時代で、全国各地で数多くの中小電力会社がしのぎを削っていた。黒川発電所も、当初の計画をしていた地元の大田原電気から、合併によって誕生した塩那電気が引き継いで建設したものだ。

塩那電気は栃木県北部の大半を供給区域としていたが、面積が広く、そもそも発電所の出力が足りないうえに、配電線延長が長いことによる電力ロスが加わり、需要に供給が追いついていなかった。

この課題を解決するために建設されたのが、出力800kWの黒川発電所だ。塩那電気の中では最大規模の発電所となった。塩那電気はその後も合併を繰り返し、1951年の電気事業再編成で東京電力の管轄となって現在に至る。

芸術性へのこだわりが生んだ「水」型橋脚と三角バットレス

膳棚水路橋に近づいてみると、橋脚の形が「水」になっていることに気づいた。RC（鉄筋コンクリート）ラーメン構造で、橋脚は3本の柱にX字型の筋交いを組み合わせたものが1セットになっている。橋の下に立つと、橋脚が水水水水…と連なって見えてドボかわいい。

上部構造も、水路の側壁を支える

▲水路橋の上流側。導水トンネルから開渠に切り替わる。

▲導水路の最終地点。黒川発電所の屋根が見える。

▲膳棚水路橋は、国道294号の脇の田んぼを跨ぐ形で架けられている。

三角形のバットレスが幾何学的なリズムを生んでいて見た目にも楽しい。RCラーメン自体が大正期にはまだ珍しく、土木学会関東支部によれば「この時代の発電用水路橋では日本唯一と見られる」という。

膳棚水路橋と黒川発電所を建設したのは、静岡の勝呂組だ。同社は1962年に住友建設、つまり現在の三井住友建設に合併され、今はもうない。だが、その10年前に発行された社史「勝呂組創業七十年誌」を図書館で見つけた。

驚いたのは、その冒頭の文章のタイトルだ。「建築土木の芸術的性格」とある。そこには「建築は芸術的創造であり、城郭のように建築と土木の合成体もあることから、土木もまた美的芸術的性格を帯びている」という趣旨が強調されていた。

静岡を拠点とする勝呂組がこの工事を受注できたのは、水力発電に実績があったからだ。1916年に社運をかけて山梨の桂川電力の河口湖発電所工事を受注し、苦労を重ねながら難工事を見事に竣工させた。当時の社長は「一時は現場主任とダイナマイトを抱いて爆死し、責任を取ることを覚悟した」とまで語っている。

膳棚水路橋のデザインが同社によるものかどうかは、資料からは分からなかった。塩那電気の設計かもしれないが、水路橋は電気系統とは直接関わらない付帯工事であることを考えると、勝呂組の設計施工もありうるだろう。

いずれにしても、膳棚水路橋の構造美、機能美は、土木の芸術性を謳う勝呂組がつくり上げたもの。橋脚が「水」の文字に見えるのは単なる偶然かもしれないが、デザインにこだわるこの会社なら、意図的にそんな意匠を取り入れたとしても不思議はないように思えるのだ。

ドボ探《たん》コラム　遠くまで水を運ぶ知恵①

「水は高きより低きに流れる」。高校に入学して最初に、担任の先生がおっしゃった言葉です。「水と同じように人間も、つい楽なほうへ流れてしまう。そのことを自覚し、しっかりと目標を持って高校生活を送るように」という訓示でした。何十年もたった今でもはっきり覚えているのに、ロクに勉強しなかった私。先生ごめんなさい。

それはさておき、この「高いところから低いところへ流れる」という性質を利用して水を運ぶ方法が、「自然流下方式」です。というと簡単に聞こえますが、実際の地形は山あり谷あり。水はいったん低い位置へ流れてしまえば、自力で上がることはできません。この難問をクリアするために、昔からさまざまな土木の工夫がなされてきたのです。

徹底的に谷を避ける玉川上水

一般に、用水や水道の水は、川の上流に設けた堰やダムから取水され、水路や水道管を通って浄水場や市街地へ運ばれます。上流のほうが下流域より標高が高いので、自然流下させやすいわけです。

例えば、江戸のまちへ水を引くために建設された玉川上水は、多摩川の中流にある羽村取水堰（p.128）から江戸城外濠の四谷大木戸まで、43km近くもの距離を自然流下させていました。その流路は、羽村から河岸段丘（階段状になった地形）の崖をよじ登り、武蔵野台地の尾根に達した後は、巧みに尾根筋を選んで四谷まで到達しています。

「段丘をよじ登る」というと、水が高い方へ流れているように聞こえますが、そうではありません。標高では羽村の方が段丘面よりも高いため、水路の勾配を緩くすれば、下流へ行くにつれて自然流下で段丘を登ることができるのです。また、台地に谷が複雑に入り込んでいる箇所では、水路を細かく蛇行させて谷を避けていました。

江戸時代、玉川上水からはたくさんの分水が引かれました。その数なんと33！　尾根の高いところを通る上水から、両脇の低地へ向けて自然流下で水を分けていたのです。当時の絵図には、玉川上水を背骨に見立てると、まるで魚の骨のようにたくさんの分水が描かれています。

水路トンネルで山を貫く琵琶湖疏水

一方、遠くまで水を運ぶ場合、どうしても山を越えなければならないこともあります。その方法は、おもに二つ。水路を等高線に沿って迂回させるか、水路トンネルを掘るか、です。

明治時代に建設された「琵琶湖疏水」の第一疏水は、四つの水路トンネルで山を貫くとともに、山腹をゆるやかに巻くように迂回しながら、琵琶湖の水を京都市内まで、全長約20kmにわたり自然流下させています。

（p.39に続く）

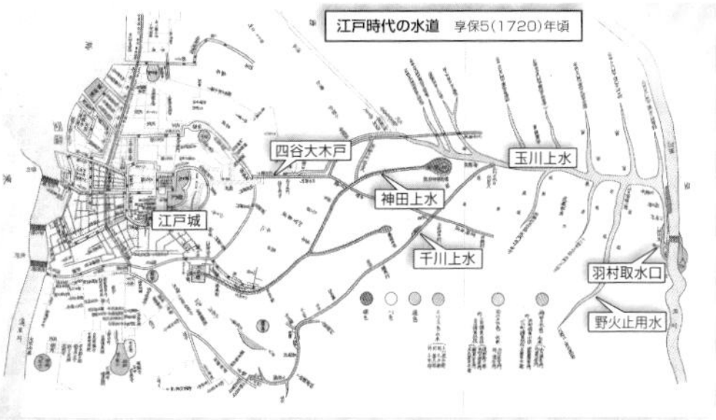

▲尾根を通る玉川上水から魚の骨のように分水が引かれていた様子が描かれている。いずれも高低差を利用して自然流下させていた（資料：東京都『東京市史稿　上水篇　第一』東京都公文書館所蔵より）。

◀琵琶湖疏水第一トンネルの入口。水を自然流下させるために、全長2436mのトンネルを掘り、長柄山を貫いた。

村山下貯水池第一取水塔の全景。管理用のプラットトラス橋の造形も美しい。奥には第二取水塔がある。

“元祖・東京の水がめ”の美しきシンボル

村山下貯水池第一取水塔

◎東京都東大和市

ドボかわいい！ポイント

中世ヨーロッパの古城のようなネオ・ルネッサンス様式の塔。古い東京都のマークも印象的！

村山下貯水池第一取水塔へは西武多摩湖線西武遊園地駅または武蔵大和駅から徒歩5、6分。

平成から令和へ変わる10連休のある日、東京郊外の村山貯水池（多摩湖）を訪れた。広々としたダムの上から、富士山がくっきりと見える。お目当ては、大正期に建てられたネオ・ルネッサンス様式の取水塔だ。

ダムの上を南の端まで歩いていくと、ドーム屋根の西洋館風の塔が2基、湖から頭を出しているのが見えた。中世ヨーロッパの古城のような雰囲気でドボかわいい。第一、第二の取水塔のうち、第一取水塔は村山貯水池の建設にあわせて1925年（大正14年）につくられたもの。第二取水塔はその後の水需要の増加を受けて、1973年（昭和48年）に同じデ

▲村山貯水池の東端に位置する村山下ダム。土を盛って突き固めた「アースダム」だ。

▲貯水池の水位が上がったときに放水するための余水吐《よすいば》き。玉石張りが美しい。

ザインでつくられたものだ。

取水塔の役割は、貯水池から必要な流量を放流すること。水面から顔を出しているのは塔の一部分で、全体の高さは27.1mもある。内部は中空で、壁面に高さの異なるいくつかの取水口が開けられている。貯水量の増減によって湖の水深が変化しても取水できるしくみだ。

急増する水需要をまかなう 東京初の近代水道ダム

村山貯水池は、東京の近代水道システムが形成される過程で、最初につくられたダムだ。「近代水道」とは、沈でん・ろ過設備をもつ浄水場を備え、水を密閉された鉄管で圧送する水道システムを指す。

東京にはすでに江戸時代から、玉川上水を中心とする優れた水道ネットワークがあった。多摩川上流で取水した水を玉川上水へ流し、江戸城の外濠から神田上水などを通して市街地の井戸へ導くものだ。ちなみに、その多摩川の取水場所が、p.128で紹介する「羽村取水堰」だ。

しかし、明治期になるとこの水道は水質の汚染が問題になり、より安全な飲料水を供給できる近代水道へ切り替えられることになった。1911年（明治44年）に完成したのが、羽村取水堰で取水した水を西新宿に新設した淀橋浄水場へ導き、沈でん・ろ過して配水するしくみだ。

ところが、明治に始まった東京の都市化の勢いはすさまじく、水需要はうなぎのぼり。川から直接取水する方法では水量が変動するうえ、浄水場の能力にも限界があった。そこで、水道拡張計画によって新たに貯水池を設けることになった。

計画では、狭山丘陵の谷間に堰堤《えんてい》（ダム）を築き、水を貯めておくことで、安定的な水供給を図る。貯水池の自然沈でんによって水質の向上も期待できる。貯水池建設と同時に、武蔵野市に境浄水場、世田谷区に和田堀給水場を新設し、貯水池から取

▲余水吐きからの放水の勢いを弱める減勢工《げんせいこう》。「十二段の滝」と呼ばれている。

水した水を送ることになった。

1914年から18年の第一次世界大戦、23年の関東大震災の影響を受けながらも、村山貯水池は1927年(昭和2年)に完成。“元祖・東京の水がめ”が誕生した。

ミニ蒸気機関車が引く トロッコ列車で資材を運搬

村山貯水池の工事で大活躍したのが、工事の資材を運ぶために敷設した軽便鉄道とトロッコ列車だった。

364万m^2に及ぶ広大な敷地に、30万tの土を盛ってダムを築く。現代のような建設重機はなく、ツルハシやシャベルに頼る工事だ。現地で労働力を確保するため、農作業の繁忙期・閑期を考慮して施工計画を組み立てたという。

軽便鉄道のルートは、貯水池の上流側と下流側の2カ所につくられた。

まず1920年、下流側に川越線(現在の西武線)東村山駅から、貯水池の中間にある上堰堤までの通称「東京市軽便鉄道」が開通。翌21年には、上流側に羽村取水堰から上貯水池までの「羽村村山導水管敷設工事軌道」が敷設された。

下流側の軽便鉄道は、村山貯水池の完成とともに撤去。上流側はいったん廃止されたものの、その後の山口貯水池(狭山湖)の工事の際に「羽村山口軽便鉄道」として復活し、再利用された。

廃線となった上流側の軌道跡は現在、遊歩道や野山北公園自転車道として整備されている。道の下に羽村から村山貯水池へ続く現役の導水管が埋まっている水道道路だ。特に、自転車道には横田トンネルなど5つの小さなトンネルが続いており、面白い。

令和の今、私たちは蛇口をひねれば出てくる水を当たり前のように飲んでいる。しかし、村山・山口貯水池の後も、東京は戦後復興から高度経済成長を経て昭和、平成と発展に伴う水不足に悩まされ、水道の拡張を繰り返してきた。小河内ダムを建設して奥多摩湖をつくり、さらには利根川にも水源を求めた。東村山、金町、三郷などの浄水場も建設された。

村山貯水池の取水塔や軽便鉄道跡のトンネルには、あたかもビッグバン後の宇宙のように急激に膨張した東京の面影が投影されている。

◀軽便鉄道の廃線跡が自転車道になっている。ドボかわいい小さなトンネルが続く。

ドボ 探《たん》コラム　遠くまで水を運ぶ知恵②(p.35より続く)

「送水管の橋」で川を渡る水

　自然流下で水を運ぶとき、どうしても谷や川を横断しなければならない場合は、水路を通すための橋が架けられることもあります。つまり、橋で持ち上げることで、水位を保つのです。そうした水専用の橋は「水路橋」と呼ばれます。

　水路橋には二種類あり、「水管橋」と「開水路橋」に分けられます。このうちの水管橋は送水管の橋で、水はパイプの中を通っているため、外からは見えません。送水管自体が橋桁を兼ねているもの、橋桁の上に送水管が載っているもの、道路や鉄道の橋に送水管を添えてある“便乗型”などがあって、デザインもさまざま。「川の水」と「送水管の中の水」が交差しているところを想像すると、ワクワクしますね。

“流しそうめん台”みたいな「開水路橋」

　水路橋のもう一つのタイプである「開水路橋」は水路が橋になったもので、蓋がないことが多く、巨大な“流しそうめん台”みたいな感じです（p32、55)。

　私が水路橋を初めて見たのは、長野県にある読書《よみかき》発電所へ行ったときのこと。発電所へ水を送る「柿其《かきぞれ》水路橋」が近くにあったので、橋の上側へ回って見ると――。なんと、橋の上を大量の水がすごい勢いで流れていたのです！　あれには本当にびっくりしました。

　今ではもう、水路橋と聞けばどんなものか分かっているのに、それでも上から覗いた瞬間には「おお！」と思うのです。写真の南禅寺水路閣に行ったときも、やっぱり「おお！」でした。南禅寺水路閣は前述の「琵琶湖疏水」の一部です。

「伏せ越し」や「配水塔」も！

　水路が川などと交差するところを越える方法には、じつは上空を橋で渡す以外に、地下に暗渠を通す方法もあります。それが「伏せ越し」です。行く手を阻む川などの手前で水路を潜らせ、対岸側から再び地上へ出るようにすると、サイフォンの原理が下向きに働く。その結果、自然流下で川などを越えることができるのです。

　さらに、水道で自然流下が難しい場合には、「配水塔」がつくられることもあります（p.8、74)。水槽を載せた塔を高台に建て、ポンプで水を押し上げて、そこから重力によって自然流下させることで、より遠くまで水を運べるわけです。水槽に水が溜まっていれば、停電になってもしばらくは配水できるので、災害に強い仕組みとして今、再び注目されています。

　谷を避ける、山を迂回する、トンネルを通す、川を橋で渡す、伏せ越しで渡す、そして配水塔に押し上げて落とす――。水って、自然のエネルギーを最大限に生かして運ばれているんですね。すごい。

▲送水管が橋桁を兼ねている荒川水管橋。全長1100.95mあり、全国の水管橋の中で一番長い。

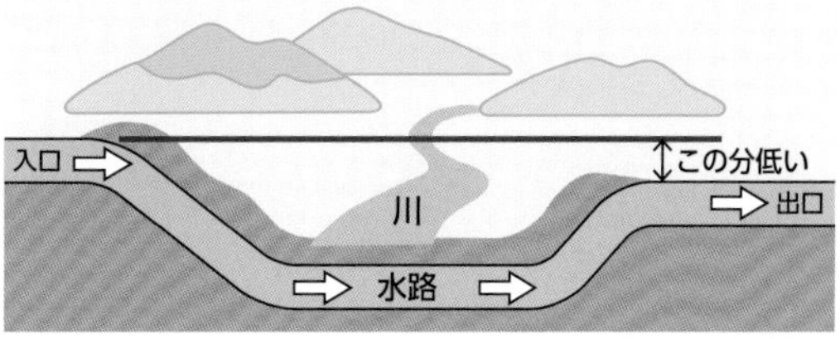

▲川が奥から手前へ流れている場合の例。水路は左側の上流から川の下をサイフォンでくぐり、右側へ自然流下する。

◀京都市にある南禅寺水路閣。下から見ると美しいレンガの橋だが、橋の上を水が流れている！

天然岩礁に守られ荒波に耐える海の玄関

烏帽子坑《えぼしこう》跡

◎熊本県天草市

ドボかわいい! ポイント

水面に浮かぶ「烏帽子」みたいな海底炭田への出入り口。石とレンガのアーチもかわいい

牛深フェリー乗り場からハイヤ大橋を通って車で約20分。小森海岸から眺めることができる（海上にあるため、接近はできない）。

台風一過の青い空と穏やかな海。天草市の南端に位置する下須島《げすしま》の西、沖合200 mほどのところに、ぱっくり口を開けた三角形の構造物。海面に突き出た潜水艦の潜望鏡のようにも見えてドボかわいい。これが、天草炭田の一つ、烏帽子坑の跡だ。現在は、天草市指定史跡となっている。

防波堤にガードされた赤レンガの坑口

天草炭田はかつて、天草の下島と下須島の西側に集積していた。炭鉱の開発が進んだのは、明治時代の後期から大正時代にかけて。烏帽子坑は1897年（明治30年）に、天草炭

▲坑口はアーチのキーストーンが流失し、コンクリートで補修してある。上下は鋼材で補強。

◀陸側へ向けて口を開けた坑口。背後の防波堤は、天然の岩礁に切り石の石垣を台形状に付け足したもの。

業会社が構築した海底炭鉱だった。

現在も残るこの構造物は炭鉱の坑《こう》口《ぐち》で、海底の鉱床へ続く斜坑（傾斜した通路）の出入り口と換気口を兼ねたものだ。坑口を覆う赤レンガは5層になっており、4層積み重ねた表面に1層を貼り付けてある。レンガの接着には、赤土と松ヤニを混ぜたものが使われた。

入り口は開口部の内側が高さ、幅ともに約2.2m。土台から頂部までの高さが約6.5mある。アーチの頂点にあったはずの、くさび型のキーストーンは落ちてしまったのか、コンクリートを埋めて補修してあるようだ。よく見ると、坑口の上下も鋼材と鋼線でタガをはめてある。

とはいえ、建設から120年以上、波と風にさらされながら、ほぼ原状を留めているのは驚異的。坑口の背後に築かれた防波堤のおかげだ。もともとあった岩礁の上に石垣を組み上げたもので、東シナ海の荒波から体を張って坑口を守り続けてきた。

艦艇の燃料自給を願い 無煙炭に賭けた帆足義方

烏帽子坑を開発した天草炭業は、筑豊で活躍した鉱業家・帆足義方が弟とともに起した会社だ。義方は江戸時代の士族の出身で、明治新政府では兵部省や陸軍省の役人になった。西南戦争のころに熊本に赴任し、その後、公用で訪れた福岡で石炭鉱脈を発見したとされる。

日本の工業発展のためには鉱業が必須と考えていた義方は、即座に辞職。引き止める周囲に「今の仕事は他の人でもできる。国家のために私は地下の至宝を採掘する」と言い残し、鉱業家に転身した。

短期間で著名な炭鉱主となった義方だが、機械化による大規模鉱区の開発を目的とする新制度に適応できず、明治20年代後半には筑豊を去ることに。その後、かねてより採掘権を持っていた天草北部へやってきた。

やがて義方が目をつけたのが、天

▲「日本の夕陽百選」にも選ばれている小森海岸からの眺め。手前に見えるのが烏帽子坑跡。地元では「海軍炭鉱」とも呼ばれていた。

草南部で産出する無煙炭だった。その名のとおり、燃やしても煙が出ず、火力が強いのが特徴の石炭だ。その採掘のために天草炭業を起ち上げて烏帽子坑を開発し、崎津港には練炭工場も建てた。

義方が無煙炭に注目したのは、軍需品の自給に貢献したいと考えたからだ。当時、海軍の艦艇は石炭を動力としていた。しかし、質の悪い石炭を使うと、ばい煙によって敵艦から見つかるリスクが大きく、船員も煙に苦しむことになる。

英国から良質の無煙炭を輸入する道もあったものの、高価なうえに、外国に頼るのでは安定供給はおぼつかない。列強の脅威のもとで軍事力強化を急ぐ海軍省が全国を調査し、適格とお墨付きを与えたのが天草の無煙炭だった。

資料によれば、烏帽子坑では1899年（明治32年）の時点で、女性8人を含む47人の坑員が働いていたという。天草炭業は海軍の用命に応じて多量の練炭を納め、日露戦争では燃料自給の一端を担った。

湧水に泣かされた手掘りの海底炭鉱

ところが、烏帽子坑は開業からわずか数年で閉坑となってしまう。主な原因は湧水だ。

炭層が地殻変動や火山の熱作用で変質してできた天草炭田は、全域にわたり褶曲《しゅうきょく》や入り組んだ断層が多く、傾斜が急。特に、烏帽子坑は傾斜が海底に向かっている。15mほど採掘した地点で海底の断層に差し掛かり、湧水量が増えて排水が間に合わなくなった。

当時、主要な炭鉱では機械化が進んでいたが、傾斜が急な炭鉱では機械が使えない。排水をはじめすべての採掘作業は人力で行われたと考えられる。昭和期の調査では、坑道に、水を汲み出すための竹筒や木製のレールが残されていたとの記録がある。

やがて大正から昭和へかけて、艦艇の燃料は石炭から石油へシフトしていった。烏帽子坑跡は、資源の乏しい小さな島国の日本が、押し寄せる列強の波に懸命に耐えた記念碑でもある。

◀平たいレンガを積み重ね、表面の仕上げにも貼り付けてある。横から見るとまさに烏帽子の形。ちょっと猫背な感じもドボかわいい。

ドボ探《たん》コラム　「東京スリバチ学会」に潜入！①

凹凸地形を求めてスリバチ学会50人が集合

11月初旬の晴れた午後、東京・新橋駅前のSL広場に「谷歩き」を愛好する“タニアルキスト”たちが続々と集まってきました。その数、およそ50人！　谷歩きと言っても、山岳地帯ではありません。これから繰り出すのは東京都心の赤坂。じつは東京の山の手は、すり鉢状のなだらかな谷の宝庫なのです。なかでも赤坂は、世界に類を見ないほど谷や窪地が密集しているといいます。

こうした谷は、武蔵野台地をいく筋もの川がえぐり取って生まれたもので、険しいV字谷ではなく、なだらかなすり鉢状の谷であることが特徴。東京スリバチ学会の会長である皆川典久さんは、この地形を「プリンをスプーンですくったときにできる形」と言います。なんとシズル感のある表現でしょうか。

皆川さんは、2003年頃に東京の地形の面白さを発見し、「東京スリバチ学会」と称して友人たちと谷歩きを始めた第一人者です。やがて、皆川さんのイベントに参加した人たちなどが、スリバチ地形ならうちの地元にもある！　と立ち上がり、各地でご当地スリバチ学会が誕生しました。学会といっても、メンバーの大半は地形マニアや谷好き、まち歩き好きの一般の人々。誰でも参加でき、規約も名簿もない、自由な趣味の会です。ハードル、低いですねっ＾＾

さて、この日の趣旨は、皆川会長率いる東京スリバチ学会が、名古屋スリバチ学会のメンバーを招いて東京のスリバチを自慢しよう、というもの。我が町自慢ならぬ“我が谷自慢”です。ドボク探検倶楽部を代表して、ワタクシ三上も参加させていただきましたよ。

一行はまず、新橋から霞が関コモンゲート、虎ノ門ヒルズといった再開発ビルの敷地を通り、愛宕神社へ向かいました。こうした大規模な再開発ビルは、土地の凹凸をうまく利用した設計になっています。道路からビルのエントランスまで階段が続いていたりするのも、土地に高低差があるから。普段は気づかずに通っていた階段も、皆川会長の説明を聞くと「なるほど！」と面白く見えてきます。

さて、愛宕神社に着きました。鳥居の先にはめちゃめちゃ急な階段が、ぎょっとするほど上まで続いています。愛宕山と呼ばれるだけあって、周辺の土地からここだけ標高が高くなっているのです。配付された3Dの地図を見ると、島のように浮かび上がっているのが分かります。

(p.47に続く)

◀愛宕神社の参道の階段。後ろを振り向くと足がすくむほどの急階段。徳川家光に馬で境内の梅を取ってくるよう命じられた曲《ま》垣《がき》平《へい》九《く》郎《ろう》が見事に成功して名を馳せた故事から「出世の石段」と呼ばれる。愛宕山は標高25.7mで、天然の山としては東京23区内で一番高い。

◀愛宕山からは江戸のまちも一望できた。「浮世絵にもその様子が描かれていました」と皆川会長。

▶愛宕神社の裏参道を下りる。崖に寄り添う階段は、愛宕山の“山感”を味わうのに最高。

奥多摩に架かる「国道一小さい橋」

森越橋

◎東京都奥多摩町

ドボかわいい！ポイント

**土木技術者たちの
こだわりと遊び心が垣間見える、
二段重ねのアーチ**

JR青梅線川井駅から青梅街道を御嶽駅方面へ向かい
徒歩7〜8分。

以前、土木の専門家の皆さんと奥多摩の橋梁めぐりをしたときのこと。青梅街道をずんずん進む車の中で、「今通ったのが、国道に架かる橋では日本で一番短い橋ですよ」と聞いた。ええっ!?　と慌てて振り向いたけれど、小さな欄干らしきものがチラリと見えただけ。それからずっと、この橋のことが気になっていた。

そして、新型コロナウイルス対策の「緊急事態宣言」が発令される少し前。東京から飛行機も電車も使わずに行ける“ドボかわスポット”を探していた私は、「そうだ、あの国道一短い橋をきちんと見てみよう」と思い立ったのだ。いざ！

◀コンクリートの欄干は美しい苔に彩られ、石造のような趣を放つ。建設から80年以上がたち、欄干のアーチは鉄パイプで補強されていた。

▲山側から見た森越橋。欄干と桁の下がダブルのアーチになっている。

青梅街道の国道昇格で「国道一短い橋」に

青梅街道をひたすら北西へ。青梅市の山あいに入ると、道は左手に多摩川、右手にJR青梅線の線路に挟まれてゆく。事前情報によれば、「国道一短い橋」は川井駅の手前にあるという。目を皿にしていると、あった！　道路の両脇に、小さなアーチ型の欄干。近づいてみると、コンクリートの欄干の端に「森越橋」と彫ってある。反対側には「昭和十三年九月成」。竣工が1938年（昭和13年）ということは、今秋に82歳を迎えるご長寿橋だ。

橋長はわずか3m。幅員は7.5mなので、長さが幅の半分もない。このあたりには山から多摩川へ注ぎ込む沢がたくさんあり、それぞれに小さな橋が架かっている。中でも最小なのが、森越橋だ。道路から桁の下を覗くと、極小ながらもちゃんとアーチになっていた。

ただし、森越橋が「国道一短い橋」になったのは、1982年のこと。それまで東京都道だった青梅以西の青梅街道が、都心と結ぶ唯一の幹線道路として国道411号に昇格したからだ。

ダム建設の計画浮上で山奥にコンクリート橋が登場

青梅街道が開かれたのは、江戸時代最初期の1606年。江戸城の建設にあたり、青梅市成木地区で産出した石灰を市中へ運ぶために敷設された。漆喰の原料となる石灰は、城を築くのに欠かせない材料だった。青梅街道はその先、西は大菩薩峠を越えて山梨県甲府市まで続いている。

大正時代の初めになると、馬車交通に対応するため、道路を拡幅するとともに、勾配をなだらかにする改修が行われた。これに伴い、既存の橋の多くがかさ上げや延伸を目的として近代的な橋に架け替えられた。ただし、当時の主流は、まだ木造の橋だった。

森越橋のある川井地区に、鋼やコンクリートの橋が登場したのは昭和初期のこと。現在の森越橋も、このときに架けられたものだ。山奥の地域でありながら、木造の橋がこうした永久橋に架け替えられた時期としては、かなり早い。その理由は、多摩川上流に小河内ダムの建設計画が持ち上がり、青梅街道が資材搬送ルートとなったからだ。江戸時代の石灰とは逆方向への物流だ。

設計者の遊び心を想像させる二段重ねの小さなアーチ

それにしても、3mしかない橋の欄干や下部工を、わざわざアーチ型

▲道の両側のガードレールが途切れた部分に欄干が見える。長さより幅のほうがずっと広い。

にする必要があったのだろうか。普通なら、シンプルな桁橋になりそうなものだ。

川井地区では同時期に、森越橋よりも大きい神塚橋、大正橋、川井橋、八雲橋などが、いっせいに鉄筋コンクリート橋や鋼橋に架け替えられた。そのすべてがアーチ橋だ。

ある土木史の論文は、大正橋を除く3橋はいずれも10〜20mほどの小規模な橋だが、それをあえてアーチにしたのは、「川井地区一帯が江戸時代からの景勝地で、多くの図画にも橋が描かれていたからではないか」と指摘する。景観への配慮から、見た目に美しいアーチ橋を採用したというのだ。

川井地区以外でも、奥多摩の大規模な橋にはすべて異なる形式を採用するなど、当時の東京府はかなりチャレンジングな取り組みをしていた。今でも、小河内ダムのある奥多摩湖周辺は「橋の見本市」として、橋マニアに人気のスポットとなっている。

しかし、この論文の調査は10m以上の橋を対象とするもので、森越橋については触れていない。しかもこの橋の周囲には、橋を観賞するような視点場もない。

森越橋の二段重ねのアーチは、景観にこだわりを持つ当時の設計者たちの“遊び心”だったのではないか。あるいは、やがて大きなアーチ橋を設計することになる若手の“小手試し”かもしれない——。

歩けば数歩で渡れてしまい、車なら気づかず通り過ぎてしまうほどのドボかわいいアーチの橋。80年以上を経て、美しい緑の苔に包まれた欄干を見ていると、さまざまな想像が膨らんでくる。

◀欄干の四隅に橋名と竣工年が彫られている。写真は「森越橋」と読める。

◀手前が大正橋、奥はJR青梅線の大丹波川橋梁。川井地区に架かる橋はすべてアーチ橋に統一されている。

ドボ探《たん》コラム 「東京スリバチ学会」に潜入!②(p.43より続く)

高台には高いビル、谷底には住宅が密集するスリバチ法則

愛宕山登山を終えた一行は、虎ノ門から六本木方面へ。新しくなったホテルオークラ東京や高級マンションとオフィスからなる虎ノ門タワーズ、六本木一丁目駅と直結した泉ガーデンと3つの再開発ビルを巡りました。いずれも、敷地内に土地の高低差を生かした庭園や広場やテラスがあります。

次に向かったのは、少し前まで典型的なスリバチ風景が見渡せていた我善坊谷《がぜんぼうだに》。皆川さんによれば、ここは「スリバチの第一法則」がよく現れている見どころの一つ。その法則とは、高台にはオフィスビルや高層マンションなどの高い建物が建ち、スリバチの底の低地には木造の戸建て住宅など低い建物がみっちりと広がっている傾向があるということ。つまり、土地の起伏を建物が増幅しているのです。

特に東京は、この傾向が顕著。江戸時代に高台につくられた大名屋敷や武家屋敷などの広い敷地が、明治になって政府機関や軍事施設、学校、病院など大規模な建物に継承されていきました。一方で谷や窪地には水田や町人の住宅がつくられ、小さな町割りがそのまま更新されていったのです。

周囲を高台に囲まれた我善坊谷にも、つい最近までこの法則どおりの風景が広がっていました。しかし、すでに再開発の工事が始まり、坂の下の広大な窪地を埋め尽くしていた低層の住宅街の姿はなくなっています。それでも、工事の仮囲い越しに覗いてみると、崖の下に低地が広がっているのがわかりました。

我善坊谷を見下ろした後は、六本木の「スリボチ」へ。「ボチ」じゃなくて「バチ」でしょ、って？　いやいや、ボチでいいんです。だって「墓地」だから。スリボチ、すなわち「スリバチの底にある墓地」なんです。

神社やお寺といった宗教施設は、土地の用途が比較的変わりにくいので、土地の履歴を物語る絶好のランドマークです。愛宕神社もそうでしたが、これらは台地の突端の高台に建っていることが多いもの。ただし、お寺の場合、高台だけでなく、スリバチの奥に建てられていることも少なくないのだそう。

たしかに、六本木界隈には「崖の下を覗いたら墓地だった」ということが結構よくあります。いわゆる「裏六本木」と呼ばれる丹波谷には、六本木墓苑という共同墓地が広がっていました。　(p.51に続く)

▲泉ガーデンの敷地は最大20ｍもの高低差があり、階段状にテラスが設けられている。広場や通路を通りながら、いろいろな高さの視点で開ける景色が面白い。

▲武蔵野台地の東端に位置する虎ノ門・六本木・赤坂エリアには坂がいっぱい。

▲六本木駅の南東には、まわりをビルに囲まれたスリボチがあった。

ハマを見守る紅白の灯台兄弟

横浜東水堤灯台、北水堤灯台

◎神奈川県横浜市

ドボかわいい！ポイント

**横浜港のシンボル「赤灯台」と
ひっそり移設保存された「白灯台」の、
灯台兄弟がたどった数奇な運命**

白灯台の保存されている桟橋へは、横浜高速鉄道みなとみらい線元町・中華街駅から徒歩4分。近くの山下公園や象の鼻から出航する港内クルーズ船が赤灯台の近くを通る。赤灯台のある北水堤に上陸するには釣船を利用。

「あ、赤灯台だ！」。心の中でそう叫び、急いでカメラのシャッターを切った。それが、ページ上の写真。2016年頃に、国土交通省の舟運社会実験の取材で、横浜から都内へ向かう船に試乗させてもらったときのことだ。

横浜港に、明治時代につくられた「赤灯台」が現存することは、ずっと前から知っていた。すっかり忘れていたものの、写真も見たことがあったのだろう。ふいに眼前に現れたドボかわいい六角錐の灯台が、ひと目でそれだと気づいた。

だが、「横浜港のシンボル」と呼ばれるこの赤灯台が、かつては双子の

◀125年にわたり横浜港の入口を示し続ける赤灯台。高さ15m。防波堤はコンクリートブロックを製造して積んだ。

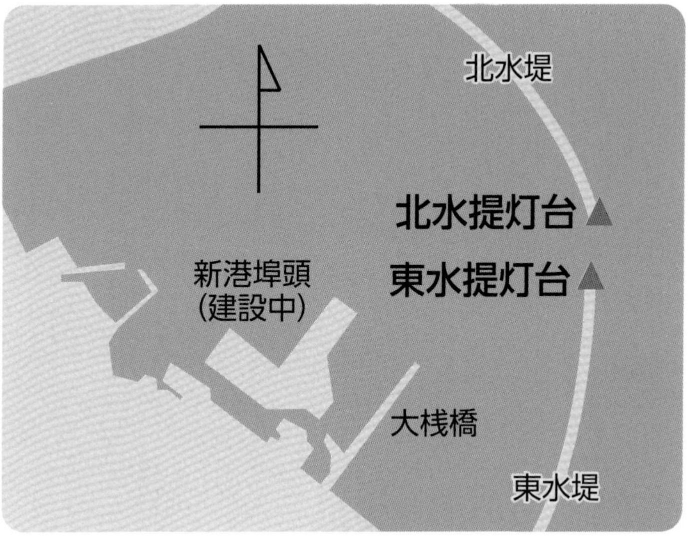

▲明治期にパーマーが描いた横浜築港計画。円弧状の防波堤を築き、大桟橋を建設した。

▶野毛山公園にあるヘンリー・スペンサー・パーマーの胸像。

兄弟のような「白灯台」と一対で港の安全を守っていたことは、まったく知らなかった。そう、この灯台兄弟の数奇な運命も、それが置かれた防波堤が港ヨコハマの基礎をつくった遺産であることも——。

赤灯台と対だった“幻の白灯台”

現在、赤灯台の周囲を見渡しても、本来そこにあるべき白灯台の姿はない。じつは、山下公園の横の氷川丸が係留されている桟橋の先端に、ひっそりと保存されているのだ。

赤灯台、白灯台の正式な名称はそれぞれ横浜北水堤灯台、横浜東水堤灯台という。遠くから航海の目印となる沿岸灯台とは役割が異なり、港口を示すための「防波堤灯台」だ。

防波堤灯台の外壁の色や灯火の色は、国際ルールで決まっている。沖合から港に向かって「右側が塗色赤・灯色赤」「左側が塗色白・灯色緑」だ。横浜港は東京湾の西南に位置することから、北水堤に赤灯台が、東水堤に白灯台が設置された。

2基の灯台兄弟が完成したのは1896年（明治29年）。防波堤灯台としては日本初だった。赤灯台が127年後の今も現役で稼働している一方で、白灯台は早々に引退し、氷川丸の横に移設された。

その理由は、昭和の半ばに行われた横浜港の拡張工事の一環として、東水堤の大部分を取り込むように山下ふ頭が建設されたからだ。それ以降、白灯台のあった位置には、代役として緑の光を放つ灯浮標（ブイ）が浮かべられている。

オランダ対イギリスお雇い外国人の熱い戦い

灯台兄弟が向かい合って立っていた北と東の水堤は、日本の近代港湾のさきがけ、「横浜築港計画」によって建設されたものだ。

幕末の日米修好通商条約によって開港して以来、横浜の発展はめざま

▲日本郵船氷川丸の係留されている桟橋に移設保存されている白灯台。

しく、国際貿易港にふさわしい施設が求められていた。明治初期にはまだ大型船の停泊できる桟橋もなく、沖合に停泊した船から「はしけ」で荷役していたからだ。

ここで活躍するのが、近代的なインフラを整備するために招かれた「お雇い外国人技師」たち。砂防堰堤などで知られるオランダ人技師デ・レーケと、日本初の上水道を横浜につくったイギリス人技師パーマーが、計画案を競い合った。

山県有朋や大隈重信ら新政府の立役者たちが大揉めし、最終的にパーマー案を採用することに決定。その内容は、大防波堤を築造し、内側を浚渫《しゅんせつ》するとともに大桟橋を建設し、大型船から直接、乗り降りできるようにするものだった。

こうして1896年（明治29年）に、全長1829mの北水堤と全長1640mの東水堤、赤白2基の鉄製灯台、鉄製の大桟橋が完成。このとき新設された大桟橋は、現在の横浜港大さん橋国際客船ターミナルの前身である。工事を監督したパーマーは病気のため途中で亡くなり、内務省技師の石黒五十二が後を引き継いだ。

この工事を皮切りに、「新港埠頭」をはじめ本格的な埠頭を続々と建設するなど、横浜港は近代港湾としての歩みを着実に進めていった。

被災しても折られても 兄弟へ健気にエール

1世紀以上にわたり、横浜港の変遷を見守り続けてきた灯台兄弟。だが、その年月は、決して順風満帆ではなかった。

明治30年代に台風で、また1923年（大正12年）には関東大震災で被災。特に震災では、両水堤の灯台の立つ開口部付近、あわせて1300mが水没した。その後、鉄造だった灯台の基礎部分が鉄筋コンクリート造に改築された。

さらに、白灯台は復旧から35年後の1958年（昭和33年）4月、またしても受難に見舞われる。横浜港を出航したイギリスの客船カロリナ号が、米軍艦との接触を避けようと急旋回して東水堤に激突、白灯台をなぎ倒したのだ。事故直後の写真には、ボッキリ折れて頭部を海中に突っ込んでいる白灯台が写っており、とても痛々しい。

今では化粧直しを施されて往時の勇姿を取り戻し、安全な場所で余生を送る白灯台。そこからは、港口の水面に立つ赤灯台がよく見える。その姿は、共に苦難に耐え、今なお現役でふんばる兄弟へエールを送っているかのようだった。

ドボ 探《たん》コラム 「東京スリバチ学会」に潜入！③(p.47より続く)

川がつくった谷と窪地を源流部から一望

スリボチの脇を抜けて六本木通りを渡り、赤坂の東京ミッドタウンに隣接する檜町公園へ。この公園は、大きな池を中心に構成されています。ワタクシごとで恐縮ですが、私は幼稚園から小学１年生までの２年間だけ、このすぐ近くに住んでいました。毎日のように檜町公園を駆け回って遊んでいたのですが、かすかな記憶の中の公園とはかなり面影が違っています。

それもそのはず、檜町公園は、東京ミッドタウンが建設されたときに再整備されたのだそうです。私が住んでいたころ、東京ミッドタウンの場所には防衛庁があり、2007年にその跡地が再開発されました。もっと遡って江戸時代には、毛利家の下屋敷があったところで、当時から斜面の下には湧水を利用した池があったといいます。

だんだん日暮れが近づいてきました。次は薬研《やげん》坂です。薬研といえば、よく時代劇でお医者さんがゴリゴリと薬草を引いて粉にしている、舟形の道具。緩やかに下って上る、坂が向かい合う形が薬研に似ていることから、そう名付けられたといいます。まさにスリバチですね。

この谷地形をつくったのは、今は暗渠《あんきょ》になっている太《た》刀洗《ちあらい》川という川。薬研坂から東側の下流方向へ細長い窪地が連なっています。そして、この太刀洗川の源流部と見られるのが、現在の高橋是清《これきよ》翁記念公園のあたり。公園内には水の溢れる井戸があり、かつての流れを連想させます。

すっかり日が傾いたころ、この日いちばんの「スリバチ景」が待っていました。付近の再開発によってつくられたブリッジから、大刀洗川のつくった谷が一望できたのです。谷の底には低層の住宅群、そしてその周りを囲む高台には高層ビル。地形の凹凸がそのまま反映されたまちなみです。

このあたりで本日の谷歩きは終了。たくさんの坂を上っては下り、下りてはまた上り。坂の上から見晴らす都心の谷間には、タワーや超高層ビルの展望室から見下ろす眺めとはまた違った、身近な東京の面影がありました。地形をなぞるようなスリバチ巡り、病みつきになりそうです。

▲薬研の形の薬研坂。皆さん大喜びでスマホを向ける。

▲高橋是清翁記念公園にある井戸。

▶太刀洗川の谷に広がる絶景スリバチ地形の底には低層の住宅が密集し、その奥に見える高台には高層ビルが連なっている。

猿王の谷渡りにインスパイアされた橋

猿橋

◎山梨県大月市

ドボ かわいい! ポイント

スクラムを組んで谷を渡る
猿たちがヒント?!
創設がミステリアスな桔橋《はねばし》

JR中央本線猿橋駅から徒歩約15分。

峡谷の両岸から猿の群れがスクラムを組み、その背中を仲間の猿たちがスルスルと踏み越え、渡っていく――。猿橋の構造を見ていると、そんな空想が浮かぶ。

スクラムのような部分は、2列4段に重ねられた「桔《はね》木（刎《は》ね木）」だ。桔木の端を両岸の岩壁に埋め込み、少しずつ前方へせり出しながら重ねることで、てこの原理で橋桁を支えている。こうした形式の橋を「桔橋（刎橋）」と呼ぶ。

橋のたもとから階段で下へ降りられるようになっていて、桔木の様子がじっくり味わえた。桔木と桔木の間には、直行方向に短い部材がいく

◀猿橋は橋長30.9m、幅3.3m。水面からの高さは31mある。かつては甲州街道の橋であり、拡幅されて自動車が通っていた時代もあった。今は江戸時代の幅員に戻り、歩行者専用の橋となっている。

▲少しずつせり出す桔木と、間に挟んだ短い枕梁のそれぞれに小さな屋根が付いている。

▶桂川の狭くて深い谷。写真上方に猿橋の桔木が見える。

つも挟んであり、それぞれに雨水よけの小さな屋根が付いているのがドボかわいい。

橋脚いらずの木造桔橋 最大の敵は雨

桔橋は、橋脚を立てなくても桁を支えられることから、深い谷や暴れ川に架橋する場合などに重用された。例えば、富山の黒部川に架かる愛本橋も、今ではアーチ橋となっているが、かつては桔橋だったという。ちなみに、猿橋とこの旧・愛本橋は、岩国の錦帯橋とともに「日本三奇橋」と称されてきた。

しかし、木造の橋は風雨にさらされて腐りやすいうえ、桔橋では桔木の付け根部分に雨水が集まることから、寿命が短い。猿橋も江戸時代初期から2～30年ごとに架け替えた記録が残っている。明治時代になり交通量が増えると、各地の木造桔橋は、耐久性が高く寿命の長い形式の近代橋梁へ置き換えられていった。

ところが、猿橋は例外だった。1900年（明治33年）の架け替えの際、拡幅のために桔木を2列から3列へと増やす変更がなされたものの、桔橋の形式は維持された。1932年（昭和7年）には、国により名勝の指定を受けている。

1934年に上流側に新猿橋が架橋され、道路橋としての役割を終えた後、1984年には江戸時代と同じ桔木2列に復元されて現在に到る。同時に、将来的に巨木の入手が困難になるであろうことを踏まえ、鉄骨に木材を貼った鉄骨造木装となった。

偽書「大成経」も絡む 猿王のミステリー

猿橋の創生はミステリアスだ。橋のたもとには猿を祀った山王宮の小さな祠がある。その脇の石碑に「猿橋記」という碑文が刻まれており、二つの伝説が紹介されている。一つは、昔、猿王が伸びた蔓《つる》に跳ね上がってよじ登り、対岸へ渡ったのを見

▲橋のたもとには、猿王を祀る山王宮と猿橋記碑がある。

た人が、橋の構造をひらめいたという話。もう一つは、推古天皇の時代に、百済から来た志羅呼《しらこ》という人が、猿王が藤蔓を伝って対岸へ渡るのを見て、これをヒントに橋を作ったという話だ。

一方、江戸時代に編纂された地誌「甲斐国志」にも「推古帝の22年に白癬《しらはた》という橋づくりのうまい百済人を派遣して架けさせた各地の橋の中に、兜岩猿橋とあるのが猿橋のことだろう」と書かれている。志羅呼と白癬で名が少し異なるとはいえ、内容は猿橋記と同じだ。ところが、甲斐国志の記述の基になったのが、偽書とされる「旧事《くじ》大成経」であることから、真偽は定かでないという。

創設時期だけでなく、猿橋が当初にどのような形式であったかも分かっていない。江戸時代の1706年に荻生《おぎゅう》徂徠《そらい》が書いた旅行記「峡中紀行」には「橋の下には柱がなく、両岸から大きな木材を上に行くほど約30cmずつ張り出すように重ねている」とあり、この頃はすでに桔橋であったようだ。しかし、別の書物には、「昔は葛橋だったが、今は桔橋である」という記述があり、創設時は吊橋だったとも考えられている。

飛鳥時代の橋梁技術にバイオインスパイアード？！

興味深いのは、いずれの伝説にも共通する「猿が谷を渡る様子をヒントにした」という点だ。では、実際に猿はどのようにして谷を渡るのか。動画サイトで検索した限りでは、残念ながらスクラム型はヒットしなかった。

だが、驚いたのは、猿の群れが上下2本の電線を使い、上の電線につかまりながら下の電線を綱渡りのように進む動画だ。吊橋の原型はまさに、左右2本のロープを手すりに、下のロープを足場として進む形だったと言われる。人間は猿の行動を真似て吊橋を考案したのかもしれない。

生きものの動きを模倣した技術開発の手法は「バイオインスパイアード」と呼ばれ、最近ではロボット技術への展開などで注目を集めている。もしも猿橋の伝説が事実なら、およそ1400年前の飛鳥時代からすでにバイオインスパイアードが実践されていたことになる。やっぱり土木って面白い！

ドボ探《たん》コラム　大月市・猿橋は土木遺産パラダイス!①

ドボクスキー必見！　一粒で三度おいしい

今回は、山梨県大月市・猿橋近辺の土木遺産を紹介したいと思います。何がすごいって、この場所は、土木の好きなドボクスキーなら必見の土木遺産が三つも集積しているのです！　ダムや橋などの土木構造物、特に古い時代に建設された土木遺産は、人里離れた山奥にあるなど、足を運ぶのが大変なケースもままあります。それが、ここはJR中央本線の猿橋駅から徒歩15分。周辺を歩いてドボク探検しても、数時間あれば十分堪能できるというわけです。

じつは私自身、訪れるまでそのことを知りませんでした。この場所へは、国の名勝・猿橋を見るために行ったのですが、そこから芋づる式に二つの土木遺産を見つけてしまい、とても得した気分になりました。まさに「一粒で三度おいしかった」のです。

水路が川を渡る?!
八ツ沢発電所の「水路橋」

猿橋取材の様子については本文のほうをお読みいただけたらと思いますが（p.52)、猿橋の橋詰から谷の方を見ていると、すぐ近くになんだか変わった橋が架かっているのに気づきました。崖の中腹にトンネルの坑口（出入口）があり、橋はその奥へと続いています。しかも、トンネルはとても天井が低いように見えます。これは一体、なんでしょう?!

私は、カメラのモニターを覗きながら、ズームをマックスにしました。少し、形がはっきりしてきました。橋の下側がカーブしているところを見ると、アーチ橋のようです。でも、やっぱりトンネルの坑口が狭すぎる。電車やクルマはおろか、人間さえ通るのがやっと、という感じです。うーん。

ハッ！　こ、これはもしや、「水路橋では?!」。水路橋とは、水道用水や農業用水、発電用水などの水路が、谷に差し掛かったところにつくられる橋のこと。つまり、谷を越えて水を運ぶための橋です。川を渡る水路は、いわば“水の立体交差”。自称・ドボク探検倶楽部会長としては、これは確かめないわけにいきません。

猿橋の橋詰から階段を駆け上り、謎の橋の方へ向かうと、あっけないほどすぐに橋の真上に到着。謎橋の正体は、やはり水路橋でした。フェンスに看板が掛かっています。「八ツ沢発電所施設　第1号水路橋」。なんと重要文化財です。調べてみると、八ツ沢発電所は東京電力の前身である東京電燈という会社がつくったもので、1919年（明治45年）に発電を開始しました。もちろん今も東京電力の発電所として現役ですから、すでに100年以上、稼働していることになります。すごいですね！

水力発電は、高い位置から低い位置へ水を落下させ、その力で発電用水車を回して電気をつくります。川の水を取り入れて発電し、使い終わった水は最終的に川へ戻すのですが、その間に複数の発電所を経由することも。つまり、上流のA発電所から出た水を下流のB発電所で使い、さらにそこから出た水をC発電所でも使ってから、もとの川へ返すというわけです。

八ツ沢発電所は、上流にある駒橋発電所から水路で水を引き入れて再利用し、下流にある松留発電所へ放水しています。水を取り込む取水口から水路、水路トンネル、水路橋、そして運んできた水を溜めておく調整池など、およそ14kmの範囲にある発電所施設群が重要文化財になっており、水路橋もその一つ。国の重要文化財として最大規模だそうです。さらに、この第1号水路橋は、鉄筋コンクリートでできています。今でこそ珍しくありませんが、日本で鉄筋コンクリートの構造物が初めてできたのは1903年（明治36年）の琵琶湖疏水の人道橋、ある程度の規模を持った橋では1906年の佐世保橋が始まり。第1号水路橋が建設された当時、鉄筋コンクリートは最先端の技術だったのです。　(p.59に続く)

◀山王宮のあたりから見下ろしたところ。画面奥の赤いアーチ橋は国道20号の新猿橋。水路橋は道路よりかなり低いところを通っているのが分かる。

「御料地の品格」を体現する駅舎

旧博物館動物園駅

◎東京都台東区

ドボかわいい! ポイント

廃駅になっても健在、
国会議事堂風のプチゴージャス

JR上野駅、京成上野駅から徒歩10〜15分程度。

はくぶつかんどうぶつえん駅。名前からしてかわいらしい。「博物館」は現在の東京国立博物館、「動物園」は恩賜上野動物園をそれぞれ指している。

京成電鉄本線の旧博物館動物園駅は、日暮里駅と上野公園駅（現・京成上野駅）の中間に位置する駅として、1933年（昭和8年）に開業。1997年に営業休止となり、2004年に廃止されたものの、駅舎は今もそのまま遺されている。

御前会議で天皇陛下の勅許を受けた駅舎建設

ピラミッド風の屋根、アカンサス

▲アカンサスの葉の軒飾り。

▲施工が難しいドーム状の格天井。

▲斑《むら》タイルの腰壁に漆喰仕上げのコンコース。

▲天井の入隅《いりずみ》にもモールディングが施されている。

◀東京国立博物館の西側の角にある旧博物館動物園駅の出入口。鉄骨鉄筋コンクリート造に、「桜御影《さくらみかげ》」と呼ばれる淡紅色の万成石《まんなりいし》を張ってある。2018年、東京都選定歴史的建造物に。イベント時にはコンコースを見学可能。

の葉模様の軒飾り、トスカナ式の円柱、石張りの壁。駅の外観は、重厚なのに小さくて、「プチ国会議事堂」と呼びたいようなかわいらしさだ。p.114で紹介した「日本水準原点標庫」とも少し似た印象を受ける。

それにしても、ただの駅の出入口が一体なぜ、こんなに凝った造りになっているのか。

その謎を解く鍵となるのが「世伝《せでん》御料《ごりょう》」という言葉だ。

博物館動物園駅のある場所は、江戸時代には寛永寺の寺域だった。明治維新で新政府に没収された後、一帯は1886年（明治19年）に世伝御料、すなわち皇室の世襲財産となった。このうち上野公園の敷地は1924年（大正13年）に東京市に下賜されて「上野恩賜公園」になったものの、駅出入口のある博物館の敷地は戦後に国有地化されるまで御料地だった。

このため駅舎の建設には、御前会議で天皇陛下の勅許を得る必要があった。「駅舎は品位に欠けるものであってはならない」とのお達しを受けて、京成電鉄は当時の鉄道省建築課に設計を依頼。その結果、前述のようなネオルネッサンス様式の小さくも荘厳な駅舎になったのだ。

内装は別格のレベル 最先端技術も導入

さて、気になるのは駅の中だ。内部も「品位」を意識した造りになっているのだろうか。今回、京成電鉄のご好意で駅舎内を見せていただくことができた。

博物館側出入口を入ると、ピラミッド型屋根の下はドーム状の格《ごう》天井になっている。モルタル仕上げが一般的なコンコースの壁は、腰壁がすべてタイル張りで、上部は漆喰仕上げ。天井の入隅にも、ていねいにモールディング（装飾）が回されている。トイレは水洗、床の要所は石張り、軌道上（レールの下）も漆喰で仕上げるなど、京成電鉄によれば、この時代の同社の駅としては「別格のレベル」だという。

内装だけでなく、構造もスペシャルだ。日暮里～上野間の延長約2.1kmはほとんどが上野公園と重なることから、地上の走行は許可されず、地下トンネルになっている。そのうち、博物館動物園駅の区間のみに「鉄鋼框《てっこうかまち》」を採用。柱と梁にH型鋼を使う堅牢な工法で、国内では銀座線（1927年開業）に初めて用いられた最先端技術だった。

時代の流れに 取り残された短いホーム

博物館動物園駅が開業した昭和初期の上野は、関東大震災から復興し、

▲鉄骨の柱・梁でトンネルを支える鉄鋼框。

現在の東京都美術館や国立科学博物館が新たに開園するなど、文化の中心としての地位を確立。同駅も、東京国立博物館や恩賜上野動物園の最寄り駅として、多くの利用客で賑わった。

ところが、1945年の終戦直前に駅とトンネルが運輸省に接収され、営業休止を余儀なくされる。外壁に付いていた照明器具やホールのシャンデリアなども金属供出のために取り外された。

終戦後の上野は、闇市の時代を経て芸術のまちとして復活。1972年には上野動物園にパンダがやってきて、日本中が沸いた。営業を再開した博物館動物園駅の乗降客数は、最盛期の1980年度に1日平均約1000人を記録。週末はさらに多かったはずだ。

だが、時代の波には抗えない。同駅はホームが短く、4両編成の列車しか停まれなかった。6両編成が増えて停車本数が減るに従い、乗降客の多くが隣の京成上野駅へ流れ、利用者が半減。ホームを延伸しようにも、地下駅なので工事費は割高になる。ついに廃止が決定した。

博物館動物園駅が使われなくなってから24年。今もコンコースやホームの壁の至るところに、駅との別れを惜しむ落書きやイラストが遺されている。

▲上りホームの改札前には、地下へもぐろうとするアナウサギの巨大オブジェが！　煤で黒ウサギになっていてもかわいい。走行中の列車からも見える。

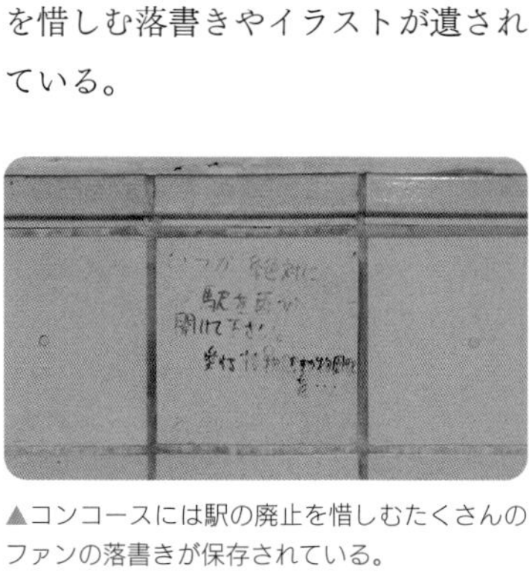

▲コンコースには駅の廃止を惜しむたくさんのファンの落書きが保存されている。

ドボ探《たん》コラム　大月市・猿橋は土木遺産パラダイス！② (p.55より続く)

旧国鉄時代の廃トンネル「大原トンネル」

思いがけず素敵な水路橋に出会って気分がアガった私は、もう一度猿橋に戻り、桂川の対岸へ渡ってみることにしました。水路の続きがどうなっているか、見えるかもしれないと思ったからです。

猿橋を渡ると、対岸には旧甲州街道が通っています。水路橋のあたりを歩いていると、何やら古いレンガの塀が続いているところがありました。住宅の塀にしてはずいぶん頑丈そうで、違和感があります。回り込んでみると、うっそうと茂った低木の陰に、トンネルの坑口のようなものが見え隠れしています。

▲旧甲州街道に残る大原トンネルの跡。画面中央の壁柱の右側に、抗口のアーチがかすかに見える。

私は最初、これも八ツ沢発電所の施設の一部かと思いました。ところが、違ったのです。これは、旧国鉄時代の廃トンネル「大原トンネル」。廃線マニアの皆さんの大好物ですね。

大原トンネルが使われなくなったのは、1968年（昭和43年）にJR中央本線梁川・猿橋間の複線化に伴い、大幅なルート変更が行われたことによります。単線時代の旧ルートは、四つの小さなトンネルを抜けながら桂川北側の山すそを進み、大原トンネルを出て、水路橋のすぐ横に架かっていた鉄橋「第二桂川橋梁」を渡って、南側の猿橋駅へ向かうものでした。

ということは、およそ半世紀前には、猿橋（道路橋）、水路橋、鉄道橋と、三つの橋が並んでいたことになります。そんなことを考えながら、ふと立ち寄った郷土資料館で、私は衝撃的な写真を目撃しました。

ジャーン、これです！　この写真（左下）は大正時代に撮影されたもので、上から猿橋、JR中央本線の第二桂川橋梁、八ツ沢発電所施設の第1号水路橋が、地層標本のように層になって写っています。今回、私がほぼ同じと思われる場所から撮影した写真には、猿橋と第1号水路橋だけが見えています。ああ、かつてはこの中間に鉄道橋が見えていたのね…。 (p.63に続く)

▲大月市郷土資料館が収蔵する大正時代の猿橋近辺の写真。上から猿橋、第二桂川橋梁、第1号水路橋。

▲ほぼ同じあたりから私が撮影した写真。上に猿橋、下に第1号水路橋。左の写真では中間にある第二桂川橋梁がなくなっている。

大津ダムの堤体。中央の堰柱から左右に2つのローリングゲートがある。堤体の表面には石が貼ってあり、石積みのように見える。

昭和レトロなロボットダムはしっかり者の健気な“末っ子”

大津ダム

◎群馬県吾妻郡長野原町

ドボかわいい！ポイント

円筒形のローリングゲートが両腕のように上下して水量を調整

JR吾妻線群馬大津駅から徒歩約5分。車の場合、前橋から国道406号を経由し1時間30分程度。

群馬大津駅のホームに降り立つと、どこからか、かすかに水音が聞こえてくる。駅舎も改札もない駅を後に、音をたどって行くと数分で変電所の前に出た。すぐ横に水をたたえた池が見える。ダム湖だ。急な坂の下に大津発電所の建屋。水音が激しさを増す。未舗装の細い通路をさらに進んだ先に突然、大津ダムの本体が姿を現した。

真ん中に三角屋根の建屋が載った堰柱があり、その両側に腕を伸ばすようにして円筒形のゲート（水門）がついている。スカートを履いたように末広がりな堤体といい、昭和のSFアニメに登場するロボットみたい

▲ローリングゲートの端からギアが少し見えている。

でユーモラスだ。

向かって右側の水門からは瀑布のように水が流れ下っている。先ほどから聞こえていたのはこの音だ。見た目のドボかわいらしさとは裏腹に、間近で見る放流の迫力に圧倒される。通路の先へ進んだとき、風が吹いて、顔に思い切り放流のミストを浴びた。ダムマニアさんたちの喜ぶ「ダム汁」だ。暑さで火照った頬には気持ちがいい。

転がりながら上下する「ローリングゲート」

大津ダムは、東京電力ホールディングスの発電用ダムだ。形式は、自重によって水圧を支える「重力式コンクリートダム」。堤体の表面には石が貼ってあり、一見、石積みのようにも見える。

このダムの特徴は、ゲートにある。円筒形の扉体が回転しながら開閉する「ローリングゲート」が採用されているのだ。円筒の両端には歯車が付いていて、ワイヤーを巻き上げると円筒が回転し、歯車が柱に取り付けたギザギザのレールと噛み合って上り下りする仕組み。

ローリングゲートは円筒形なので、板状の扉体よりも水圧に耐えられる。ダム湖の水が多いときは、ゲートを閉めたままで上部を越流させることもできる。このため、ゲートの幅に対して高さを低くしたい場合に使われた。だが最近は、シェル型（箱型）のゲートが主流になっており、東京電力のダムで残っているのは、ここだけだという。

堤の高さは約20m、幅が約74m。日本では堤高15m以下は堰、それ以上をダムと呼んでいるから、大津ダムはダムとしては小ぶりなほうだ。ダムは重厚長大なものが多く、「かわいい土木」の連載にはこれまでほとんど登場しなかったが、これならぴったりだ——。そう思ったのだが、実際の大津ダムは、ダムならではの迫力と風格を兼ね備えていた。

上流の発電所からの変動する流量を受け止める

面白いのは、「逆調整池式」と呼ばれるこの発電所の役割だ。

水力発電は、水を高所から低所へ

◀ダムから100数十m離れて建つ大津発電所。建屋の地下に発電用水車がある。

流す落差エネルギーによって水車を回すことで電気を発生させる。電力の需要は日中に多く、夜間は少ないため、水車を回した後に放流される水の量は昼と夜とで大きく変化する。発電所の下流で川の水を利用する場合、水が極端に減ったり多すぎたりすれば支障を来してしまう。

そこで、上流に位置する発電所で使用した水をいったん溜めて、そこから常に同じ水量を川に戻すようにする。このためのダムを「逆調整池」と呼ぶ。大津ダムと発電所は、このタイプなのだ。

大津発電所ができたのは1931(昭和6）年。吾妻川の上流域には、鹿沢（田代)、西窪、今井、羽根尾、大津の５つの発電所がある。現在ではいずれも東京電力が管理しているが、大正末から昭和初期にかけて、これら一連のダムを建設したのは吾妻川電力という会社だ。当時、関東大震災後の復興で工場の電力化が進み需要が急増した一方、石炭の暴騰によって火力発電が衰退し、水力発電所の建設が盛んになっていた。

大津発電所は同社の建設した中では最下流に位置する“末っ子”。最上流の田代湖から導水した水を各発電所が順に使い、最後に羽根尾発電所からの放水を逆調整池（大津ダム）に溜める。そこから15ｍほどの落差を利用して発電した後、一定量の水を放流している。

最大水量は大きく、落差は小さい。しかも流量は激しく変動する。この条件をクリアするために、発電所の水車には、可動式の羽根をもつ「カプラン水車」が導入されている。流量が少ないときは羽根の開く角度を狭めて効率を上げる仕組みだ。

上流の兄さんダム、姉さんダムが思い通りに発電して変動した流量を受け止め、自分もきちんと発電しつつ、下流に迷惑のかからないよう、一定量にして水を川へ返す。大津ダムと発電所は、そんなけなげな末っ子なのである。

◀発電所の裏には古い水門がある。
(注)大津ダムは2019年の台風19号で被災して以降、立ち入り禁止になっている。

ドボ探《たん》コラム　大月市・猿橋は土木遺産パラダイス！③(p.59より続く)

道路も水路も鉄道も、深い谷を越えた

わずか100ｍほどの短い区間に、道路と水路と鉄道の三つの橋が揃い踏みをしていた奇跡の空間。それが猿橋近くの桂川の景観です。

では、なぜこの狭いエリアに、橋が集中したのでしょうか。理由はいろいろあるのでしょうが、一つには、あたりではここが最も谷の幅が狭まっている地形だからでしょう。猿橋の長さはだいたい30ｍ、第１号水路橋がおよそ43ｍ。橋脚を建てずに橋を架けるには、川幅が狭い場所が好都合。大正時代の写真を見ても、三つの橋にはいずれも橋脚がありません。

桂川は富士山を源流とし、山梨県の東部を東へ流れ、神奈川県に入って「相模川」と名を変えて南下し、相模湾に注ぐ一級河川。上流部である猿橋付近は、丹沢山地と小仏山地の間を流れ、発達した河岸段丘を形成しています。深い谷は、桂川によって侵食されてできたものです。

このあたりの地形は、とてもダイナミック。丹沢山地は、伊豆半島にあった海底火山がフィリピン海プレートに載って北上し、本州に衝突して生まれました。桂川・相模川が流れているのは、そのプレートの境界部分。猿橋の切り立った岩壁も、大部分が丹沢山地と同じ凝灰岩でできています。

さらに、桂川の右岸（上流から見て右側。ここでは川の南側）の上部は、富士山の溶岩で覆われているのです。約9000年前の噴火で流れ出て、桂川の谷を埋めながら流下したもので「猿橋溶岩流」と呼ばれています。富士山から猿橋までの距離はおよそ30km以上もあり、猿橋溶岩流は最も遠くまで到達した溶岩だといわれています。溶岩流が押し寄せた谷では、桂川の流れが北の縁に押しやられ、その位置で溶岩と凝灰石を削り込んで深い谷ができたのです。

猿橋のたもとから続く遊歩道を歩いていると、溶岩流が冷えるときに収縮して柱を並べたようになった「柱状《ちゅうじょう》節理《せつり》」が露出している箇所がありました。こちらは地質マニアの方の大好物ですね。

三つの土木遺産に加えて、地形や地質のおもしろさも満喫できる猿橋探検。貴重な遺構を細部まで間近に見られるのも魅力で、ドボクスキーにはまたとない穴場でした。電車ならJR中央本線猿橋駅、車なら中央自動車道大月ICから近く、交通の便が良いので、ぜひ行ってみては。

▲大月市郷土資料館には、精巧に作られた猿橋の模型が展示してある。

長島ダムのダム湖である「接岨湖《せっそこ》」をトラス橋が一文字に横切る。大井川の流れが崖を深くえぐってできた穿入《せんにゅう》蛇行《だこう》と呼ばれる地形だ。

大井川の曲流をしのばせる湖上駅

奥大井湖上駅

◎静岡県榛原郡

ドボかわいい!ポイント

ダム湖を貫く赤い鉄橋と、急流の蛇行がつくった地形との、絶妙なコラボレーション

大井川鐵道奥大井湖上駅へは、千頭駅から約1時間。駅から展望スポットまでは徒歩で鉄橋を渡り、急坂を登って15分ほど。

湖を一直線に貫くトラス構造の赤い鉄橋。その中間の半島状の山の斜面に、ぽつんと小さな駅がある。大井川鐵道井川線の奥大井湖上駅だ。

かわいい。これほどかわいらしい景観は見たことがない。この連載では、かわいい土木構造物を見つけては「ドボかわいい」と称して愛でてきた。しかし、ここは駅や橋といった構造物単体ではなく、周辺と一体になった景観全体がドボかわいいのだ。かなりレアだと思う。

ダム湖に沈みかけた廃線のトンネルや橋も

「湖上駅」というだけあって、まさ

▲橋の真ん中あたりにある奥大井湖上駅。

▲奥大井湖上駅は、ダム建設に伴う線路の付け替えによって1990年に開設。

に湖のただ中にぽっかり浮かんでいるかのような奥大井湖上駅。もっとも、駅といっても、あるのはトラス橋の一部に見えるホームだけで、駅舎と呼べるものはない。もちろん無人駅だ。

ホームから斜面を少し上ったところに山小屋風のカフェがあるものの、ほかには林の中に遊歩道が続くばかりで、集落の気配はない。人が住んでいないところに、なぜ駅があるのだろう？

じつはこの駅、生活用でも物流用でもなく、観光用につくられた駅だという。

奥大井湖上駅が開業したのは、1990年のこと。国土交通省の長島ダム建設に伴い、井川線の旧路線がダム湖に水没することになり、対岸のより高い位置に線路を付け替えることになった。それが現在、「奥大井レインボーブリッジ」と呼ばれている冒頭のトラス橋を通る線路だ。

そしてこのとき、旧路線側の崖の上から絶景が見渡せることもあって、観光客のための駅が設けられた。実際に、この景観がテレビや雑誌で紹介され、秘境駅の観光スポットとしてじわじわと人気が高まっているらしい。駅のホームからは、対岸の水面すれすれに、廃線のトンネルや橋も見える。

水力発電のダム建設のために敷設された専用鉄道

井川線の歴史は、静岡県を流れる大井川の開発史と深い関わりがある。大井川は、江戸時代から「箱根八里は馬でも越すが、越すに越されぬ大井川」と恐れられた大河。多雨地帯である南アルプスの雨を集めることから、水量が多く流れが急だ。

このため早くから水力発電の適地として注目され、明治後期には電源開発が計画された。この当時の水力発電は、川から直接水を引く「水路式」だった。

昭和初期になると、ダムを築き、貯水した水による「ダム式」の水力発電が本格化する。中部電力の前身である大井川電力は大井川ダムの建設に乗り出し、資機材を運搬するために、専用鉄道を敷設した。骨材やセメント、鉄筋、大型重機など莫大な量の資機材を山中へ運ぶためだ。

やがて戦後の高度成長期になると、逼迫する電力需給に対応するべく、中部電力はさらに上流に井川ダムの建設を計画。同社は大井川電力時代の専用鉄道を15km延伸し、工事の効率化を図った。しかし、峡谷を縫うように進むために多くのトンネル

▲「南アルプスあぷとライン」の愛称で呼ばれる井川線。

や橋が必要になり、ダム建設の準備段階であるこの鉄道の延伸自体が、大変な難工事だったという。

井川ダムが完成して2年後の1959年（昭和34年）、資材運搬の役割を終えた専用鉄道を大井川鐵道が引き継ぎ、旅客営業を開始。これが井川線の始まりとなった。井川線は、井川村の人々にとって貴重な生活の足となるとともに、温泉や景勝地への観光客にも役立った。

大井川のダイナミックな曲流がつくり出した景観

一方、流域は長いあいだ洪水に悩まされてきた。そこで国は1972年（昭和47年）に、直轄事業としてダムによる洪水調節を行う方針を打ち出し、長島ダムの計画を発表。治水だけでなく、上水道・農業用水・工業用水の利水も行う多目的ダムだ（ただし、発電には使われない）。

前述の井川線の付け替え事業も、水没地域に対する補償工事の一環として、国が行ったものだ。

長島ダムの完成は2001年。奥大井湖上駅の足元に広がる「接岨《せっそ》湖」は、このダムによって生まれたダム湖だ。名称は、以前の地名である「接岨峡」にちなむ。「岨」という漢字は、崖や絶壁を意味する。

大井川は、四国の四万十《しまんと》川と並ぶ曲流河川（曲がりくねって流れる川）でもある。奥大井湖上駅がある半島のように突き出た部分は、川がU字型に蛇行した内側の頂点だったのだ。

湖上駅とレインボーブリッジの織りなすドボかわいい景観を形作ったのは、長い年月をかけて大蛇のようにのたうち、崖を深くえぐった大井川だ。そう知ってから眺めると、メルヘンチックな駅のたたずまいとダイナミックな地形の対比がいっそう鮮やかに胸に迫ってくる。

◀駅には鉄橋に併設された歩道を渡って出入りする。湖の上を歩いて渡るのは最高の気分だ。

ドボ探《たん》コラム　見どころは「構造美」と「ドボかわ装飾」！

みなさんは、土木構造物のどこに魅力を感じますか？　よく言われるのは、スケールの大きさや、構造や機能の必然性から生まれた美しさですね。特に、大きな橋はさまざまな構造形式があり、橋にかかる力をしっかり受け止めながら、芸術作品のような美を表現しているものが多く、観ていて飽きることがありません。

全体から細部へ視線を転じる

東京の奥多摩湖にかかる三頭橋《みとうばし》（写真）は、「ニールセンローゼ」という形式のアーチ橋です。この形式は、太いアーチから細い柱で橋桁を吊り下げる「ローゼ桁」の一種で、柱の部分にケーブルを採用していることが特徴。ニールセンという人が考案した比較的新しい形式で、1960年代以降に多く建設されるようになりました。三頭橋はしかも、両側のアーチ部材が中央でくっついた「バスケットハンドル型」。まさに籐かごの持ち手みたいな独特の形をしています。バスケットハンドル型ニールセンローゼは、ねじれに対して抵抗する力（ねじり剛性）を高めることを目的とした構造なのですが、デザイン的にもおしゃれな雰囲気があります。

また、ダムや橋などでは構造物単体の美しさもさることながら、周囲の自然と一体となった風景が素晴らしく、観光名所となっている場所もあります。私がこれまで実際に訪れた中では、雄大なダム湖に突き出た半島の先端にある奥大井湖上駅（p.64）や、熊本県天草市の天草の島と島を優美な曲線でつなぐ牛深《うしぶか》ハイヤ大橋（写真）などが強く印象に残っています。牛深ハイヤ大橋は、天草の海底炭鉱の遺構である「烏帽子坑《えぼしこう》跡（p.40）」を訪れたときに偶然見て感動したもの。後からじつはこの橋が、世界的な建築家レンゾ・ピアノ氏の手掛けた作品と知って、びっくりしました。

一方、見逃せないのが、“ドボかわいい”装飾などのディテールです。特に、昭和初期ぐらいまでにつくられた土木構造物には、機能とは直接関係ない飾りが忍ばせてあったりします。例えば、水戸市水道低区配水塔（p.8）の入口には、過剰なほどのゴシック風装飾がてんこ盛り。また、埼玉県行田市の大和橋（写真）のように、さりげないレリーフも奥ゆかしくてドボかわいい。他にもこの周辺には、堀切橋や馬見塚橋（p.12）のように、凝ったデザインの古いコンクリート橋がたくさんあります。

まずは離れたところから全体のスケール感や構造美を愛で、次に近づいて細部のかわいらしさを探し出す。そんな楽しみ方がおすすめです！

▲東京・奥多摩湖に架かる「バスケットハンドル型ニールセンローゼ」の三頭橋。「ねじれ」に強いという構造上の特徴を持つ形式で、見た目もおしゃれ！

▲元荒川の支川・星川に架かる大和橋の欄干。星のマークのレリーフは、「星川」だから？　そんな想像をしてみるのも楽しい。後ろに見える青いポールは大和橋に併設された斎場堰のもの。

◀熊本県天草市の漁港に架かる牛深ハイヤ大橋。フランスのポンピドゥー・センターや関西国際空港の設計者として知られるイタリア人建築家レンゾ・ピアノ氏が手掛けた。

▶水戸市水道低区配水塔の入口部分。ゴシック風のデザインに混じって「水」という漢字をデザインしたレリーフ、ステンドグラス風の窓格子、丸みを帯びた三角窓など和洋折衷の装飾が満載。

第2部

あなたの隣にも？身近にあるドボク

身近すぎて、つい見逃されがちな物件をピックアップしました。
暮らし密着型の愛らしい土木をぜひ再発見してください。

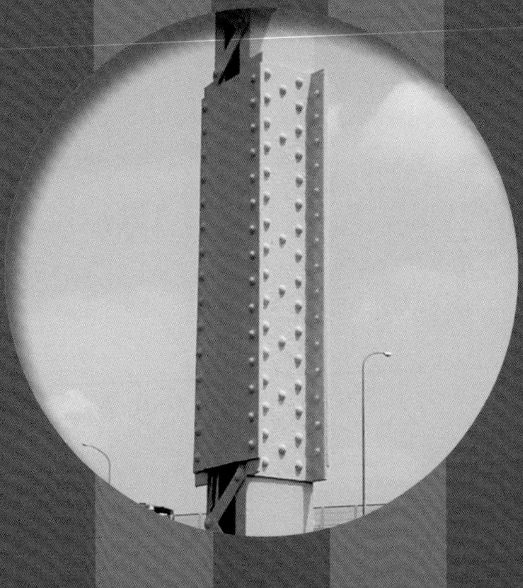

盆栽のように慈しまれる住宅街の“ぐるぐる”

常盤台のクルドサック

◎東京都板橋区

ドボかわいい！ポイント

**東京・板橋の由緒ある住宅地で
住民たちが手入れしてきた、
日本のクルドサックの元祖**

東武東上線ときわ台駅の駅前から右前方（北東）へ広がる常盤台1丁目に5カ所のクルドサックが点在。

私が「クルドサック」の存在を知ったのは2017年頃のことだ。その語感の良さと、SNSに投稿された“丸い島”の写真に惹きつけられた。「なにこれ、ドボかわいい！」というわけで調べてみると——。

クルドサックはフランス語で「袋小路」の意味。住民以外の車の通過を防ぐために設けられるもので、突き当たりには転回用のスペースが設けられている。台形やループ道路のタイプもあるが、断然かわいらしいのはロータリー形式のもの。中心に丸い島状の緑地があり、住民の車や迷い込んだ車は、その周囲をぐるりと回って本道に出る。

◀常盤台住宅地のクルドサック。発祥はアメリカだが、日本にくればこのとおり、どこか盆栽的な風情が生まれる。

▲道の先端がロータリーになっており、周りを囲むように住宅が配置されている。

▶中央に街路樹が植えられたプロムナード。

日本では、東京の多摩ニュータウンや横浜のたまプラーザなどの住宅地にいくつかある。その元祖と言えるのが、1936(昭和11年)年に分譲が開始された東京都板橋区「常盤台住宅地」のクルドサックだ。

80余年の年月が刻む個性

東京・池袋から東武東上線で約10分のときわ台駅。駅前を抜け、閑静な住宅街の通りを脇道に入ると、前方に何やら不思議な植栽が見える。近づけば急に視界が開け、円形のスペースが現れた。クルドサックだ。地図上では、道の先が丸形端子のように丸く膨らんでいる。

円の中心は、孤島を思わせる小さな緑地。枝ぶりの見事なアカマツが1本、足元にはこんもりとしたツツジ、ピンクの花をつけたフヨウ、リュウゼツランなどが所狭しと植えられ、あたかも巨大な寄せ植えの盆栽の様相。島を囲む道路の向かい側には、住宅が扇形に並んでいる。

常盤台1丁目、2丁目には全部で5カ所のクルドサックがある。大きさはさまざまで、植えられている草木の種類もそれぞれ。その個性が、このまちの80年余の歴史を示している。住民らしき年配の男性が、せっせと手入れをしている場面にも遭遇した。

参考案がまさかの実現へ

常盤台住宅地は、東武鉄道が沿線開発の第1号として分譲した高級住宅街だ。設計は内務省官僚だった小宮賢一。こうした官民連携の住宅開発は、当時極めて珍しかった。このあたりの事情は越沢明氏の著作『東京の都市計画』に詳しい。

同書によれば当時、区画整理の認可を受けるには、内務省のチェックが必要だった。当初計画が平凡な碁盤目割りだったことから、内務省は新人の小宮の研修を兼ねて参考案を

▲5カ所のクルドサックはそれぞれに大きさや植栽が異なる。周囲の住人と思われる男性が植木の手入れをしていた。

描かせ、事業主の東武鉄道に再考を促そうと考えたらしい。

小宮が外国の都市計画の本などを参考にして作り上げたのは、環状のプロムナードやクルドサック、ロードベイ（道路沿いの修景緑地）を配した緑豊かな住宅地のプランだった。クルドサックは日本に前例がなかったため、自分で自動車会社からカタログを取り寄せ、車の転回時の軌跡を作図して大きさを決めたという。

面白いのは、後日談だ。参考案のつもりで描いた図面がその後どうなったかを小宮は知らなかった。区画整理が完了した常盤台を偶然訪れ、自分の設計したまちがそのまま実現したことに、一番驚いたのは本人だったのである。

親しまれる「みんなの中庭」

今回の記事執筆の途中で、常盤台で育った友人がいるのを思い出した。クルドサックのことを聞いてみたが、通じない。袋小路のロータリーだと伝えると「それなら知ってる。同級生がそこの家に住んでいて、庭代わりによく遊んだ」と。

子どもたちから「〇〇ちゃんちの前」とか「ぐるぐる」と呼ばれたクルドサックは、車がほとんど入ってこないうえ、中央には植栽、最奥には細い路地があり、隠れんぼや鬼ごっこに最適だった。

住民から親しまれ、まちに緑の潤いを与えるクルドサック。残念なことに換地設計の面倒さや、宅地開発に「行き止まり道路」を認めない都道府県が多かったなどの理由で、日本ではほとんど普及しなかった。だが最近は、規制を緩和した自治体やミニ開発の住宅地で採用される例もあるようだ。もしかすると、あなたのまちの路地の奥にも、“盆栽のぐるぐる”が隠れているかもしれない。

◀クルドサックの最奥には人が通り抜けられる路地が設けられている。

ドボ探《たん》コラム　イラストになった「かわいい土木」

「建設技術展2022関東」で好評だった イラスト4人展

イラストレーターの広野りおさんから、「イラスト展を企画しているのですが、コラボしませんか？」とお誘いをいただきました。広野さんは「土木偉人かるた」(p.160〜)で、土木偉人たちの絵札を担当した方。建設専門紙の日刊建設工業新聞社が主催するイベント「建設技術展2022関東」の企画の一つとして、建設に関するイラスト作品を展示することになり、声をかけてくださったのです。

二人で相談した結果、私が「建設業しんこう」（建設業振興基金の広報誌）に連載している「かわいい土木」で取り上げた中からいくつかの土木遺産を選び、4人のイラストレーターがそれぞれの視点で、そのかわいさや意義などを表現するということになりました。参加する作家は広野さんのほか、いとう良一さん、ロココ・クリエイティブさん、まちょさんです。

私がピックアップした13件について、4人に描きたいものを投票してもらったところ、最終的に「久地円筒分水」(p.132)、「鍋島灯台」(p.16)、「博物館動物園駅」(p.56)の3件に決定。プロのイラストレーターとして活躍するみなさんは、私の「推しドボかわ土木遺産」をどんなふうに料理してくれるのでしょうか。わくわくして展示会の始まる11月16日を待ちました。

さて当日、東京・池袋のサンシャインシティ展示ホールの会場へと向かいました。自社の開発した建設技術をPRする企業ブースが並ぶ一角に、「三上美絵が選ぶ、かわいい土木イラスト4人展」の看板が見えます。それぞれの物件ごとに、4人の作品が1点ずつパネルにして掲示されています。

作品は四者四様、同じ物件でここまで異なる表現が可能なものかと驚き、感心してしまいました。例えば、久地円筒分水では、広野さんは「円筒分水の仕組みを勉強した少年が異世界へ転生して水争いを解決する」というストーリーのマンガを制作。また、いとうさんは「円筒分水のまわりで花見の宴を楽しむ平安貴族」の様子を表現。水面に浮かんだ舟には、なんとペンギンたちが乗っています。

さらに、ロココ・クリエイティブさんの作品は、円筒分水の断面が立体的かつ緻密に描かれており、構造がとても分かりやすい。一方で、まちょさんの作品は透明感のある水彩で、円筒分水のドボかわいさを的確につかんで表現されています。

建設技術展には、2日間で合計約1万1000人が来場。大学生や高専（高等専門学校）生など次世代を担う若い人たちも大勢、見学に訪れていました。企業ブースでICTやAIを駆使した最先端の建設技術に触れると同時に、かわいい土木のイラスト展で、古くから生活の役に立ってきたインフラの姿も見てもらう。この経験によって、建設業の本質的な魅力を感じてもらえたら嬉しいな、と思いました。

◀イラスト展での1枚。参加したイラストレーターのホームページは以下のとおり（あいうえお順）。
いとう良一
https://www.1b-town.com/
広野りお
https://hironorio.work
まちょ
http://machoco-bo.com/
ロココ・クリエイティブ
http://rococo-creative.tokyo

博士の残した双子のクラウン

駒沢給水所の配水塔

◎東京都世田谷区

ドボかわいい！ポイント

近代水道の父・中島鋭治博士の大胆な計画により建設された、王冠のような形の配水塔たち

東急田園都市線桜新町駅から徒歩7分。

東京・世田谷の閑静な住宅街に突如として現れるヨーロッパの古城のような建造物。駒沢給水所の敷地内に二つ並んだ配水塔だ。遠くからは王冠のように見えることから、地元では「双子のクラウン」と呼ばれ、親しまれてきた。

高さ30m、直径およそ15m。鉄筋コンクリート造の外壁には、12本の付け柱（装飾的な柱）が等間隔に配され、屋上のラインからジグザグに飛び出したその頂部には、丸い電灯が付いている。屋上にはドーム屋根の小さな「あずまや」がちょこんと載ってドボかわいい。

▲新宿中央公園の六角堂。配水塔屋上のあずまやと雰囲気が似ている。

◀2基の配水塔はトラス橋でつながれており、屋上へ向かう外階段とつながっている。現在はセキュリティー上、駒沢給水所の一般公開はされておらず、眺望を確かめられないのが残念だ。

▶三軒茶屋のキャロットタワー展望台から「水道みち」をたどった先に、配水塔が見える。

東京市に頼らず自前の水道敷設を決意

駒沢給水所は、旧渋谷町の町営上水道の施設として大正時代に建設された。当時の渋谷はまだ東京市に編入されておらず、水道が引かれていなかった。人口増加に伴い各戸が井戸を掘った結果、湧水が枯れて水不足になり、有志によって私設水道敷設の話が持ち上がる。

これを受け、ことの緊急性を重視した渋谷町は自ら水道事業を担うべく、近くの三田用水などから取水する計画を立てて調整を進めた。ところがそのころ、東京市は水道拡張工事に着手。郊外に村山貯水池（多摩湖）をつくる大規模な拡張だ。

「これが完成すれば、うちにも水を回してもらえるのでは」と考えた渋谷町。市長に確認すると「東京市内への給水に支障を来さない範囲で」、近隣町村にも配水する予定という。それなら、単独で水道事業を起こすより得策だ。

しかし、東京の工事が終わるまで何年もかかるうえ、その時点で市外へ配水される確証はない。東京市の人口は急伸を続け、水不足は深刻で、貯水池ができても足りるとは限らないからだ。渋谷町は悩んだ末、当初どおり自前で水道を敷設する決意を固めた。

高低差のある長距離を配水塔で解決

渋谷町は、東京をはじめ全国の水道を手がけ、後に「近代水道の父」と呼ばれた中島鋭治工学博士に町営水道の計画と設計を依頼。博士は、水量豊富な多摩川の伏流水を水源とすることを提案した。世田谷区鎌田に砧下浄水所をつくり、そこから渋谷町まで鉄管を通して水を運ぶ大胆なアイデアだ。だが、2地点間の距離は約10kmに及ぶうえ、武蔵野台地の端を横断することから土地の高低差もあった。

▲駒沢給水所の次に標高の高い場所は丘の下にトンネルを掘って水道管を通した。入口に「岡本隧道」と彫ってある。

そこで、博士が打ち出したのが、ルート上の高台に配水塔を設け、ポンプで水を引き上げていったん塔内部に貯めた後、重力を利用して渋谷まで自然流下させるという妙案だった。鉄筋コンクリート造の配水塔は海外にはすでにあったが、日本ではこれが始まり。留学で欧米を歴訪した博士の面目躍如だ。

渋谷町水道は1921年（大正10年）に着工し、24年に竣工。23年9月には関東大震災が起こったものの、できたばかりの配水塔は無事だった。32年に渋谷町は東京市と合併し、水道も市の水道局に移管。老朽化により99年に給水所としての機能は停止されたが、現在も非常時用の応急給水槽として使われている。

屋上のあずまやは博士からのメッセージ

さて、私が気になるのは、屋上の「あずまや」の存在だ。これと似たあずまやが新宿中央公園にもある。中島博士が建設を指揮した淀橋浄水場の跡地だ。「六角堂」と呼ばれるこのあずまやは、浄水場の沈殿池の建設残土を盛り上げた築山の上に建てられ、ここから場内を見渡せた。

駒沢給水所のある世田谷区弦巻は、今でこそ住宅が建ち並んでいるが、完成当時は一面に野菜畑が広がる郊外ののどかな丘だった。屋上からの見晴らしもよかったに違いない。

中島博士は渋谷町水道の完成を見届けた後、東京市の近郊で荒玉水道の建設を手がけていた最中に急逝。追悼集には、水源調査のために部下とともに山中へ分け入る様子や、「技術は神聖であり、技術者は私情に駆られてことを誤ってはならぬ」と部下を諭したエピソードなどが紹介されている。旅行を好み、小鳥や植物を愛したとも記されていた。

配水塔のあずまやは装飾としての意味合いが濃く、果たして博士がそこへ登って周囲を眺めたかどうかは分からない。しかし、全国を飛び回り、近代水道の普及に一生を捧げた土木技術者には、鳥の目で地形を読み、自然を感じる姿がよく似合う。私にはこのあずまやが、大所高所から判断することの大事さを伝える博士からのメッセージに思えてならないのだ。

▲「渋水」と彫られた古い境界石。

▲岡本隧道のある岡本公園には古いマンホールも。丸いツマミがドボかわいい。

ドボ探《たん》コラム　ひたすら真っすぐ!「旧渋谷町水道みち」を歩く①

三軒茶屋の展望室から一直線に続く道

「水道みち」「水道道路」と呼ばれる道は各地にありますが、その共通点は、ひたすら真っすぐ続いていること。なぜかって？　それは、浄水場や給水所などの水道施設を最短距離で結ぶため。とはいえ、「道路の下に水道管を埋める」としたら、なかなかそうもいかないでしょう。水道みちの場合は、「更地《さらち》に水道管を埋め、その上を道路として使っている」のです。だから、真っすぐ。シンプルですねっ！

多摩川べりにある東京・世田谷区鎌田の砧下浄水場《きぬたしもじょうすいじょう》と同区三軒茶屋の間、およそ5kmをほぼ一直線に結ぶ道路も、水道みちの一つ。大正時代、東京の郊外だった豊多摩郡渋谷町（現在の渋谷区）が建設した町営渋谷水道の名残りです。

2020年1月下旬、この旧渋谷町水道みちを歩くツアーがあると聞きつけ、ワタクシ三上がドボク探検倶楽部を代表して参加してきました！

集合は三軒茶屋のキャロットタワー。スタート前に26階の展望ロビーに上がってみると――。どうでしょう、ビル街を切り裂くように、西南の方向へ直線の道が通っています。目を凝らすと、道の先にうっすらと２つの塔が！　どうやら、あれが駒沢給水塔のようです。

今回のまち歩きツアーを主催したのは、多摩武蔵野スリバチ学会。2019年11月に潜入した東京スリバチ学会（ｐ.40）の分科会で、東京西部の多摩と武蔵野エリアのフィールドワークを実施しています。この日集まった参加者は、およそ50人。会長の真貝康之さんと副会長の和田文雄さんの案内で、さあ出発！　(p.81に続く)

▲地上26階から見下ろすと、水道みちが真っすぐに延びているのが分かる。道の突き当りに、かすかに見えるのが駒沢給水塔。

◀水道みちの入口（左側）は、世田谷通りから鋭角に分岐している。

亀の甲羅のようなカタチがドボかわいい。
支間長280フィート（約85m）は1899年当時の日本では破格の長大桁だった。

数奇な運命をたどった繊細なレースのトラス橋

向野橋

◎愛知県名古屋市

ドボかわいい！ポイント

**19世紀末にアメリカで生まれ
大事故に見舞われた後に、
名古屋で余生を送る跨線橋**

名古屋臨海高速鉄道あおなみ線ささしまライブ駅から線路沿いに徒歩12、3分。名古屋駅からは徒歩約20分。

控えめな淡いレモン色にペイントされたトラス橋。上弦材がカクカクしたカーブを描いているところが、亀の甲羅のようでドボかわいい。鋼材は、規模の割に華奢に見える。そのせいか、遠目には橋全体がレースのように繊細で軽やかだ。

名古屋駅から2kmほどの位置に架かる跨線橋「向野橋《こうやばし》」は、推定1899年（明治32年）製造の123歳。外観の印象からは想像し難い数奇な運命をたどって今、ここにある。

不慮の脱線事故で橋桁が損傷、鉄道橋の役割を終える

現在は名古屋の道路橋となってい

る向野橋は、もともと渓谷をまたぐ鉄道橋だった。京都鉄道（後の山陰本線）の保津川橋梁である。急流に橋台を設置することを避ける意図と、名物の川下りに支障がないようにとの配慮から、当時日本最長と言われた支間長（橋脚と橋脚の間の長さ）約85mの長大橋として設計されたものだ。

製造は、アメリカの橋梁メーカーA&Pロバーツ。上弦材が水平でなく、斜材が中央に向かって下向きになった「曲弦プラットトラス」と呼ばれる構造形式をとる。ちなみにこの時期、世界最先端の橋梁技術を誇っていたアメリカから、およそ300

▲現在は歩道橋となっている向野橋。さまざまな電車が見られることから、親子連れや鉄道ファンにも人気のスポットだ。

連にのぼる鉄道トラス桁が輸入され、全国に架設された。

ところが1922年（大正11年）4月、この橋の直前で列車の脱線事故が発生。軌道を外れた暴走列車はそのまま橋へ突入して桁に激突し、乗客の一部が投げ出されて渓谷へ転落した。当時の新聞報道によれば、即死者3名、負傷者多数の大惨事であった。かつて社長として京都鉄道を敷設した実業家・田中源太郎もたまたまこの列車に乗り合わせ、命を落としたとされる。

破損したトラス桁は応急修理されたものの、これを機に設計荷重の大きな新桁が設計され、6年後に架け替えられた。

新天地・名古屋に根を下ろし産業発展を見守る

こうして保津川から撤去されたトラス橋は、1930年（昭和5年）に名古屋へ送られ、10線以上の線路をまたぐ跨線橋に生まれ変わった。それにはこんないきさつがある。

昭和初期のその頃、名古屋駅は輸送量の増加に伴い、旅客と貨物を分離する計画が進んでいた。このとき

▲垂直材には保津川橋梁時代の事故で損傷した補修の跡が残る。

に新設された貨物駅が笹島駅である。付近には蒸気機関車の車両基地もつくられた。同時に、中川運河が開削され、名古屋港と笹島貨物駅を結んだ。一連の物流経路の開発によって、この地は陸路と水路双方の貨物中継点となったのである。

ただ、一つ懸念されたのが、基地へ向かう線路によって市街地が分断されてしまうことだ。この問題を回避するためには、跨線橋を新設する必要があった。

そこで白羽の矢が立ったのが、保津川橋梁から取り外したトラス桁だ。当時の国鉄は、跨線橋を新設する際に、他の路線で不要となった中古の桁を転用することが多かったという。軌道内に橋脚を立てることなく両側の街を結べる長大スパンは、この場所にうってつけだった。

こうして、旧保津川橋梁は向野橋と名を変え、この地で跨線橋として第二の役目を担うことになった。

それから幾年月。笹島駅は1980年代後半の国鉄民営化の際に廃止され、跡地には2004年にあおなみ線の「ささしまライブ駅」が開業。駅の南側では取材に訪れた2017年当時、「ささしまライブ24地区」の再開発が進んでいた。すでに、超高層ビル「グローバルゲート」の一部や中京テレビ放送新社屋が竣工し、愛知大学

▲アンダーパスの工事が進む都市計画道路。線路の遠方に向野橋が見える（下の写真とも、2017年に撮影）。

のキャンパスも移転。10月にはグランドオープン、まちびらきというタイミングだった。

再開発にあたり、名古屋市は土地区画整理事業の一環として、鉄道をまたぐ歩行者用のオーバーパスと自動車用のアンダーパスを整備。前者はすでに「ささしま米野歩道橋」として供用されており、通勤や通学、買い物などで両側の街を往来する人たちで賑わっていた。

一方、長い間、名古屋の産業発展の様子を見守ってきた向野橋は、老朽化により数年前から車が通行止めとなっている。歩道橋としても、ささしま米野歩道橋に主な役割を譲った。今は、さまざまな電車を眺められる憩いのスポットとして、地元の人々や鉄道ファンに愛されながら、静かな余生を送っている。

困難に負けず、明治から平成まで生き抜いてきたこの橋は、ただドボかわいいだけではない芯の強さを漂わせていた。

▲再開発の進むささしまライブ24地区。これは中川運河の船だまり。

▶保津川橋梁時代の様子が絵葉書に残っている。（写真：土木学会附属土木図書館）

ドボ探《たん》コラム　ひたすら真っすぐ！「旧渋谷町水道みち」を歩く②

（p.77より続く）

川は谷を流れ、用水と古道は台地を通る

キャロットタワーを出た一行は、世田谷通りを少し歩き、斜め前方の弦巻通りへと進みます。ここが水道みちの入口です。渋谷町水道の水道管は当初、渋谷まで延びていましたが、前回の東京オリンピックの頃に撤去されてしまい、三軒茶屋から先は水道みちの痕跡も残っていないようです。

途中で、弦巻通りと平行する蛇崩川《じゃくずれがわ》緑道に入りました。ここは、暗渠になった蛇崩川の上を遊歩道として整備したもの。水道管の上を道路にしたのと似たような出自です。緑道が道路をまたぐ箇所の車止めには、「水道橋」や「駒沢橋」など、かつてここにあったと思われる橋の名前が。「親和橋を偲ぶ」と彫られた石碑もありました。

当日配られたルート図は、高台が茶色、平地が緑色、谷筋が白っぽく色分けされていました。スリバチ学会系のまち歩きではおなじみの「カシミール3D」という地図ソフトで作成された手作りの地図。白い点線で示された渋谷町水道みちの高低差がよく分かります。

この地図には水道みち以外に、古鎌倉街道や旧大山道などの古道、呑川《のみかわ》や谷戸川などの自然河川、品川用水や六郷用水といった用水路が、それぞれ色分けされていました。真貝さんは、「自然にできた川は谷筋を通っていますが、人がつくった古道や用水は大地の上を通してあります」と説明。なるほど、地図を見るとそのとおりになっています。　（p.85に続く）

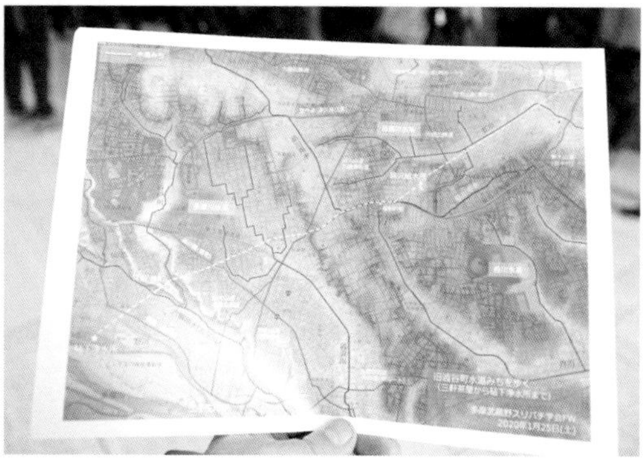

▲台地と平地、谷筋の低地が色分けされた地図。右上の三軒茶屋から左下の砧下浄水所まで、ほぼ直線の水道みちを歩いた。

▲参加者のみなさんに地図の説明をする真貝さん（右から2人目）と和田さん（一番右）。

◀川も橋も見当たらないのに、車止めには「すいどうばし」の文字。蛇崩川が流れていたころには、このあたりに橋が架かっていたのだろう。水道橋の名称からして、渋谷町水道の水道管を渡すための橋だったのかもしれない。

華麗な都市景観の足下を支え続けて1世紀

聖徳記念絵画館前通りのアスファルト舗装

◎東京都新宿区

ドボかわいい！ポイント

一般的なアスファルト舗装の寿命をはるかに上回る、「ドボかっこいい」“長老”

聖徳記念絵画館前通りへはJR総武線信濃町から徒歩5分。直進道路入口には地下鉄銀座線・都営大江戸線青山一丁目、銀座線表参道からそれぞれ5分。

東京に暮らす人は、「絵画館」と聞くとすぐ、イチョウ並木の奥にドーム屋根の荘厳な建物を見通す風景を思い出すのではないだろうか。テレビや新聞のニュース番組では、季節ごとに必ずと言っていいほど使われるシーンだ。

直進道路の突き当たりに記念碑的な建物などが見える眺めを「ビスタ景観」と呼ぶ。パリのシャンゼリゼ通りの先にドンと構える凱旋門や、オペラ座通りの先に見通せるオペラ座などに代表されるように、ゴージャスで優美な風景だ。

明治神宮外苑の聖徳記念絵画館前も、ヨーロッパのような美しい景観

◀大勢のランナーが走っても舗装はびくともしない。

◀聖徳記念絵画館と歩道、車道は大正時代に一体的に整備された。絵画館には、西郷隆盛と勝海舟の会談風景を描いた、歴史教科書でおなじみの「江戸開城談判」の壁画も展示されている。

▶絵画館前通りから建設中の新国立競技場が見える。古い舗装との対比が面白い（2018年に撮影）。

で人気の観光名所になっている。だが、その足下の道路が、現存する日本最古のアスファルト舗装であることは、恐らくあまり知られていない。

生きてきた歳月を刻む 深い皺

ある晴れた冬の午後、絵画館前を訪れた私は思わず「！」となった。土木学会選奨土木遺産にも認定されている貴重な舗装の上を大勢のランナーが土足で駆け抜けていく。スポーツ用品メーカー主催のランニングイベントのスタート＆ゴール地点になっていたのだ。

冷静に考えるまでもなく、ランナーたちには何の非もない。だが、彼らに容赦なく踏みつけられているのは、施工から1世紀近く頑張ってきた長老の舗装だ。つい「もう少しいたわってあげて」と思ってしまう。そんな心配をよそに、舗装は表面に深い皺をたたえながら、平然と威厳を放っていた。

明治神宮外苑は、明治天皇の遺徳を後世へ伝えることを目的として、1926（大正15）年につくられた西洋庭園だ。敷地内には、在世中の出来事を描いた壁画を展示する聖徳記念絵画館のほか、神宮球場や新国立競技場などがある。

絵画館を囲む楕円形の周回道路は、ビスタ景観を形作る直進道路で、青山通りと結ばれている。これらの苑内道路は外苑の建設と同時に整備されたもので、交通と美観に配慮して電線や水道管、配水管、ガス管などをすべて地下埋設としている。

舗装には、アメリカのワーレンブラザース社が1900年頃に特許を取得した「ワービット工法」を日本で初めて採用した。周回道路を横切る絵画館前通りに現存しているのが、このとき施工された舗装の一部だ。

体を張って丈夫さを 今に伝える

ワービット工法の正式名称は「ワ

▲グレーチング（排水口の蓋）もなんだかおしゃれ。建物の軸線と位置を合わせたという細やかさに脱帽する。

▲深い皺を刻んだ舗装面。ポットホール（穴）などはほとんど見当たらない。

▲サクラ御影石の歩道敷石は端正な表情。

▶新宿区土木部による説明板に、ワービット工法の施工時の写真があった。

◀説明板には、1993年に採取した舗装断面の実物が埋め込まれている。

ーレナイト・ビチュリシック工法」という。ビチュリシックは「ビチューメン」、すなわち瀝青《れきせい》（天然アスファルト）を指す。

この工法は、粒の粗さの異なる2種類のアスファルト混合物を重ねて敷き、この2層を同時に転圧して仕上げることが特徴。アスファルトが少量ですむため工事費が安価なうえ、耐久性が高いことから、その後、阪神国道や皇居前道路などに広く採用された。ところが、1950年代に機械化が進むと、その性能により1層ずつ敷き均す工法が普及。ワービット工法は歴史の中に埋没していった。

しかし、消えたかと思われた2層同時舗装の工法は、形を変えて現代に蘇り、今再び脚光を浴びている。都市型洪水の対策として普及しつつある2層排水性舗装もその一つ。また、インフラ長寿命化のニーズからも見直され、新材料との組み合わせによる耐久性のさらなる向上が研究されている。

一般に、アスファルト舗装の寿命は10年から20年。2023年で98歳を迎える絵画館前通りは、けなげにも体を張って2層同時舗装の丈夫さを実証している。

ドボ探《たん》コラム

ひたすら真っすぐ！「旧渋谷町水道みち」を歩く③

（p.81より続く）

丘の上に立つ双子のクラウン、駒沢給水塔

蛇崩川緑道と弦巻通りが水道みちと離れていくところからは、再び水道みちを歩きます。ほどなく、同じ形をした2つの塔が見えてきました！　これが、駒沢給水塔（p.74）です。近くで見ると、思ったより大きくて迫力があります。王冠のような凝ったデザインが施されており、地元では「丘の上のクラウン」というおしゃれな愛称で呼ばれていたそうです。

明治末期から大正初期にかけて、旧渋谷町では人口が急増し、安全な飲料水が不足していました。そこで計画されたのが、町営上水道の敷設です。途中で関東大震災に見舞われながらも、1924年（大正13年）には工事が完了。当時の日本の水道普及率は、まだ20％程度でしたから、かなり早い時期と言っていいでしょう。

渋谷町水道の設計と建設を担ったのは、「近代水道の父」と呼ばれた中島鋭治博士。超高層ビルの建ち並ぶ新宿新都心の場所にあった旧淀橋浄水場をはじめ、日本各地の近代水道システムを手がけたすごいお方です。

その中島博士が考え出したのが、多摩川の伏流水を取水し、浄水場から地中の鉄管を通してポンプで駒沢の給水塔に押し上げ、そこから自然流下によって渋谷方面へ送水するという案。「コマQ」の愛称で活動する駒沢給水塔風景資産保存会の作成した資料によると、駒沢給水塔のある弦巻の標高は46m。水道みちのルート上で最も高台にあたります。カシミール3Dの地図でも、このあたりは台地を示す茶色になっていました。

さらに、給水塔の内部を満水にしたときの水面の標高は64mになります。渋谷は、その名のとおり谷底のまちで、平均標高は36m。28mの高低差による重力を利用して、駒沢から渋谷まで、およそ8.5kmの距離を送水していたというわけです。

（p.89に続く）

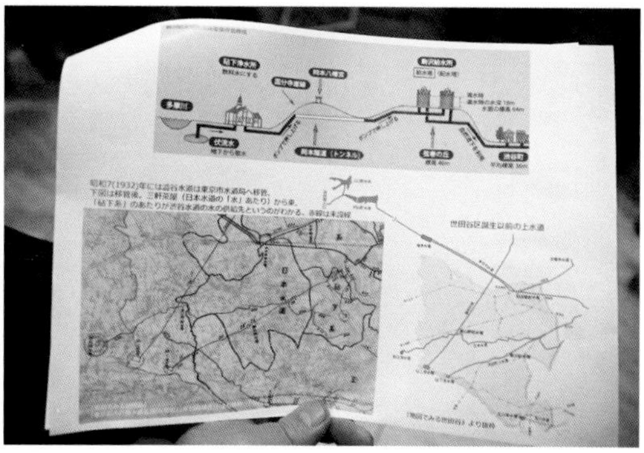

▲浄水場から渋谷までの断面の様子を描いたもの（資料の上図）。川沿いの低地にある浄水場から高台の給水塔までは水をポンプアップし、そこから渋谷までは自然流下させていた。

▲駒沢給水塔風景資産保存会の会長、澤一郎さんが説明してくれた。保存会は、「コマQ」という愛称で活動していた。

◀駒沢給水塔は2012年、土木学会の選奨土木遺産に認定された。高さ約30m、直径約15mの2基の塔がトラス橋でつながっている。災害時などの緊急用として、給水塔には今も一定量の水を貯めている。

100年の警鐘鳴らす多摩川の赤レンガ

六郷水門

◎東京都大田区

ドボかわいい！ポイント

見た目がかわいいだけじゃない、災害への備えを教えてくれる、レンガ造の古い河川構造物たち

六郷水門へは京急雑色駅から多摩川へ向かって徒歩約15分。京急バス「六郷水門前」から「大師橋下」で下車した辺りに旧レンガ堤が多く残る。多摩川旧堤の陸閘は、東急田園都市線二子玉川駅そば。

東京人にとって多摩川は、サイクリングロードや遊歩道、河川敷のグラウンドもある自然豊かな水辺空間だ。数十年前、世田谷の大学に通っていた私は、友人たちと講義をサボり、近くの多摩川で貸しボートに乗った思い出がある。

そんな穏やかな表情を見せるこの川も、昭和初期までは大変な“暴れ川”として恐れられ、下流の一帯は度重なる洪水の被害を受けていた。当時はまだ、堤防のない箇所やきちんと整備されていない部分があったのだ。沿岸の町村は神奈川県に対し、幾度となく築堤を求めていたものの、1910年（明治43年）に大洪水が起

◀多摩川側から見た六郷水門。六郷用水の排水口に、船を通すために設けられた。コンクリートの丸いフォルムと、門扉の“猫耳”が印象的だ。

▲裏側の2ヵ所に取り付けられた古い照明器具もかわいい。

▶鉄筋レンガで築かれた堤の端部から鉄筋が覗く。

▶管理室の側面の銘板には「昭和六年三月成」と書かれている。

こっても工事は始まらない。

1914年（大正3年）の夏、二度の洪水に見舞われた川崎側の橘樹郡《たちばなこおり》では、業を煮やした500人を超える村民たちが神奈川県庁へ押しかけ、堤防整備を訴えた。彼らが同志の目印として編み笠を被っていたことから、この出来事は「アミガサ事件」として歴史に記されている。

これを受けた当時の有吉忠一神奈川県知事の尽力により、橘樹郡についに堤防が完成。他の地区でも各所で請願運動が起こり、1918年には河口から二子玉川の二子橋まで22kmの区間で、国の直轄事業として「多摩川改修工事」が始まった。今からほぼ100年前の話だ。

小さな“猫耳”がついた シュタイナー風の水門

一連の多摩川改修工事を指揮したのは、当時の内務省技師、金森誠之《しげゆき》。新技術の開発で多数の特許を取得するなど技術者として一流だったのはもちろん、社交ダンスや映画制作を手がけるなどの趣味人でもあった。

金森の設計による川崎側の「河港水門」は、柱の上にフルーツバスケットのオブジェが載った風変わりなデザイン。多摩川を挟んで対岸に位置する「六郷水門」も、設計者は特定されていないものの、独特の意匠をもつ。

まず、コンクリート造の2本の柱は、上部が丸みを帯びている。梁もゆるやかなアーチ。管理室もまた角が丸く、窓の上部や高欄も半円形を描く。

コンクリートでこうした有機的なフォルムをつくった先駆けは、「シュタイナー教育」で知られるルドルフ・シュタイナーの建築だ——ということで、この水門も「シュタイナー様式」と言われている。シュタイナーの設計したスイスのホール「ゲーテアヌム」の写真を見ると、確かにどことなく雰囲気が似ていなくもない。

水門の門扉の両端に、三角の突起

▲大師橋のたもと、東京・大田区側に残る多摩川の旧レンガ堤。ゆるやかなカーブを描いている。

があるのも印象的だ。上部の丸い柱を頭に見立てると、この部分がちょうど猫の耳のように見えてドボかわいい。

水門の上部がコンクリート造なのに対し、下部はレンガ造になっている。中に鉄筋を入れ込んだ「鉄筋レンガ」で、これも金森の発明した技術の一つ。多摩川改修工事の着工から5年目の1923年に起こった関東大震災を受け、耐震性を高めるために生み出した新工法だった。

21 世紀の東京に残る旧堤防が告げるもの

鉄筋レンガは水門だけではなく、堤防にも使われている。多摩川改修工事では、河口から2kmほどの地点から大師橋の辺りまで、流路に沿って鉄筋レンガの堤が築かれた。すでにコンクリート造の新しい堤防が外側（多摩川側）に築かれているので、二つの堤防に挟まれた土地には道路や住宅ができている箇所が多い。それでもまだ、途切れ途切れに旧レンガ堤が残っている。なかでも大師橋のたもとには、船溜まり沿いに100mほどが往時の姿を留めており、見ごたえがある。

多摩川改修工事によって築かれた堤防は、上流の二子玉川駅付近にも現存する。駅前再開発による超高層の複合ビル「二子玉川ライズ」の足下に、延々と連なる芝生の土手がそれだ。かつて川辺にあった料亭などへ向かう客のために、土手を切り通したレンガ造の「陸閘《りっこう》」も、そのまま使われている。

地元の悲願によって築かれた多摩川の水門と旧堤防。そのおかげで流域では長い間、安全安心な暮らしが営まれてきた。だが、どんなにハードを整備しても、大地震による津波や豪雨など、天災のリスクはゼロになることはない。まちのシンボルとなっている印象的な水門や堤防は、私たちに災害への備えを常に思い出させる役割を担っているのかもしれない。

◀東急二子玉川駅付近には旧堤防と2ヵ所の陸閘が残っている。

ドボ探《たん》コラム

ひたすら真っすぐ!「旧渋谷町水道みち」を歩く④

(p.85より続く)

舌状台地の下を通る水道管トンネル

次に向かったのは、岡本八幡宮や民家園もある岡本公園。ここは国分《こくぶん》寺《じ》崖線《がいせん》の上に位置し、水道みちの中では駒沢給水塔のある場所の次に高台です。さらに、東側は谷戸川によって削られた谷が迫ることから、崖と谷に挟まれた「舌《ぜつ》状《じょう》台地《だいち》」になっています。舌先のように細長く尖った台地、ということですね。

水道みちは、この舌状台地を横断する形で通っています。平地では、地表から浅い溝を掘って水道管を設置し、上に土を被せます。しかし、ここでは台地を貫通するトンネルを掘って水道管を通しているのです。公園の中に見えているアーチ型の入口上の銘板には、「岡本隧道《おかもとずいどう》」と彫られていました。隧道とは、トンネルのことです。

これから向かう砧下浄水所からこの台地まで、いったんポンプで水を押し上げ、120mのトンネルを抜けた後、駒沢給水塔のある台地の手前でもう一度ポンプアップして塔まで水を上げているそうです。

岡本公園からゴール地点の砧下浄水所まで、あと1kmもありません。その中間あたりで野川に差し掛かり、「野川水道橋」という名の橋を渡りました。野川は、国分寺崖線に沿って流れ、二子玉川で多摩川に合流する一級河川です。「水道橋」とは、水道管に川を越えさせるために架ける橋。でも、橋の下を横から覗き込んでも、水道管の姿は見えません。

橋のたもとの案内板によれば、渋谷町水道が完成した当初、水道管は野川の川底に埋設されていたそうです。それが、1960年(昭和35年)の野川の改修によって掘り出され、川の上を橋で渡すことになりました。それが、初代の野川水道橋です。ところが、2006年(平成18年)の河川改修で再び水道管を川底に埋めることになり、水道橋は撤去。現在の歩行者専用の橋が新たに架けられました。あえて「水道橋」という名を残したのは、以前の橋へのオマージュなのでした。 (p.93に続く)

▲舌状台地の上にある岡本公園を目指し、谷戸川の谷からせっせと階段を上る。スリバチ学会のメンバーは、みなさん健脚ぞろい。

◀現在の野川水道橋の欄干には、水道管が通っていた頃の橋のレリーフが掲げられていた。

山あいの暮らしに溶け込む屋根付き橋

弓削神社太鼓橋と田丸橋

◎愛媛県内子町

ドボかわいい！ポイント

河野水軍ゆかりの内子町で
人々の素朴な信仰と暮らしを
見守り続ける屋根付きの橋

JR内子駅から田丸橋まで車で約10分。
そこから弓削神社の太鼓橋までは約20分。

内子の市街地を抜け、国道を車で進むとほどなく、切妻屋根をかぶった小さな木橋が見えてくる。麓《ふもと》川に架る屋根付き橋の「田丸橋」だ。

穏やかに重なる背景の山並み、緩やかに蛇行する川筋、点在する家々。石積みの農道の先に、両足を踏ん張るようにして屋根付き橋が川を跨いでいる。これぞ日本の山村の原風景、といった趣だ。

倉庫や集いの場としても使われる生活橋

この橋が今の姿になったのは、1944年（昭和19年）のこと。土橋であった先代の田丸橋が前年の洪水

◀田丸橋の遠景。地元の保存会の人たちによって大切に管理され、いったんはトタンに改修された屋根も、元の杉皮葺きに戻されている。全長14.08m、幅2.09m。

▲弓削神社の太鼓橋。奥に拝殿があり、参道の一部になっている。

▶桁に立てた柱と梁で屋根を支えている。

で流されてしまい、改修新設された。下流にあった「樋の口橋」が流失を免れたのを参考に、地元の大工が同じ形式の屋根付き橋として新たに橋を建設したという。

斜めになった橋脚が、上路アーチ橋のように橋台に突っ張って桁を支えるこの構造は「方丈式」と呼ばれる。橋脚が川の中にないので、洪水時に流木などが引っかかって橋が崩壊する心配が少ない。また、屋根を掛けることで橋の本体が雨や雪から守られ、耐久性が格段に上がる。

田丸橋はもともと地元の人たちが川を渡るための「生活橋」であったが、屋根が付いてからは、単なる通路として以上の機能を生んだ。炭俵や農業資材を一時的に保管する倉庫として役に立ったし、村人たちが農作業の合い間に休憩したり、集まって話し合ったりする集会所としても使われるようになったのだ。

麓川の流域には昔、少なくとも4つの屋根付き橋があったとされる。これらの橋は今では屋根のないコンクリート橋に架け替えられているものの、屋根付きの生活橋がこれほどたくさんあるのは全国的にも極めて珍しい。

しかも、内子町には平成に入ってから、住民の希望で屋根付き橋として再建された橋が3つある。このことからも、屋根付き橋が地元の人々にとってどれだけ身近な存在であったかが分かる。

この地域に屋根付き橋が広まる基になったと目されるのが、麓川の上流に位置する「弓削《ゆげ》神社の太鼓橋」だ。

水軍の将、河野一族が開いた 弓削神社の太鼓橋

弓削神社は、戦国時代に瀬戸内海を舞台に活躍した「河野水軍」で知られる河野一族によって室町時代の1396年に創建された。河野氏がこの地の城を去る際に、神社を自らの城に見立て、周りに池を築いて濠とし、中央に橋を架けて神を祀ったと伝わ

▲横木と斜材で欄干を補強してある。

る。現在の太鼓橋は1951年（昭和26年）のものだが、創建時から屋根が付いていたとしたら、日本の屋根付き橋の歴史の中でも相当に古い。

研究者の調査によれば、現存する屋根付き橋の遺構として最も古いのは広島の厳島神社の回廊橋で、1287年以前に架けられたとされる。また、大分の宇佐神宮にある呉橋《くれはし》も1301年以前からあったと言われている。

興味深いのは、厳島神社も宇佐神宮も、ともに瀬戸内海に面していることだ。あくまで想像に過ぎないが、水軍を指揮した河野氏が、これらの神社の屋根付き橋の存在を知っており、それを自ら創建した弓削神社に採用したとしても、それほど違和感はない。

ただし、厳島神社や宇佐神宮の屋根付き橋と、弓削神社の太鼓橋とでは、様相がまったく異なる。前者が朱塗りの柱や白壁、唐破風などを有する壮麗な意匠であるのに対し、後者は壁も破風もなく無垢の柱梁で構成された素朴な橋だ。

日本では、古い屋根付き橋は神社や禅宗寺院の境内に架けられているものが多い。特に神社の場合、「屋根の付いた橋」は特別な意味を持っていたとされる。屋根付き橋のある神社はいずれも格式が高く、祭事などの特別な日以外、渡ることが許されない橋も少なくない。例えば、宇佐神宮は全国の八幡宮の総本山であり、呉橋は10年に一度の勅使祭のときのみ開放される。

一方、弓削神社の太鼓橋は、拝殿への参道にあたり、今も氏子たちが「五穀豊穣、家内安全」を祈念して日参を続けている。おそらく創建時からずっと、この地の人々のごく身近にある神社であり、橋であったことだろう。そこには、去っていく領主が領民を思う心と、領民が領主を慕

▲構造は「方丈式」と呼ばれるラーメン構造の一種。橋台と斜めの橋脚で支える。

い懐かしく思う気持ちも受け継がれているのではないだろうか。

この地において、屋根付き橋は海の神への信仰とともに、そうした故事の象徴なのだ。それが、生活橋にも屋根を掛ける風土を育んだ――。弓削神社の太鼓橋と田丸橋の佇まいを眺めていると、そんなふうに思えてならなかった。

ドボ探《たん》コラム

ひたすら真っすぐ!「旧渋谷町水道みち」を歩く⑤

(p.89より続く)

「近代水道の父」中島鋭治博士の斬新なアイデア

野川を渡るとほどなく、砧下浄水所の門の前に着きました。内部の見学はできませんが、奥には大正時代に建てられた風格のある建物がいくつか見えています。建物は古くても、中の設備は新しいものに更新され、現役で稼働中。自動化により遠隔操作されているそうです。

本日のツアーはここで終了。「チーズ」ではなく「スリバチー!!」の号令とともに、みなさん最高の笑顔で集合写真に収まり、解散となりました。

東京には、江戸時代からすぐれた上水道がありました。今も残る「玉川上水」です。ただ、明治半ばになって人口が急増すると、水は汚れ、コレラなどの原因ともなってしまいました。当時の人々は、浄水場で浄化された水を密閉式の鉄管で配水する衛生的な近代水道を待ち望んでいたのです。

多摩川から渋谷までの距離をどうやって送水するか。この難題を解決したのが、中島博士による「水をいったん高台へ押し上げてから落とす」という斬新な方法でした。

現代に生きる私たちにとっては、蛇口をひねれば出てくる水。でも、そうなるまでには、先人たちの画期的なアイデアと奮闘があった――。まっすぐな水道みちを歩きながら、改めてそんなことに思いを馳せました。

▲水道みちのゴール、砧下浄水所。水の流れから言えば、本来は浄水所が起点になる。

▲「はい、スリバチ～！」でニッコリ集合写真。旧渋谷町水道みちは、起点から終点までおよそ6km。気軽に歩ける距離でした。わんこ連れで参加された方も。

◀解散後、“面白いモノ”が見られるというので、有志の方々に着いて浄水場裏手の多摩川土手へ。赤いトンガリ帽子の塔は、「取水管の空気抜き」。画面奥に見える茶色の建物が浄水場のポンプ室。画面手前側の多摩川から浄水場へ暗渠で水を引き込んでいる。水に含まれる空気が分離して管内に溜まってくると塔から排出される仕組み。

裏木戸から「雁木」を下りれば、そこは川

京橋川の雁木群

◎広島県広島市

ドボかわいい!ポイント

6本の川が流れる水の都・広島。雁木を通して、かつての「川と共にある暮らし」が見えてくる!

JR広島駅から栄橋まで徒歩5〜6分。
稲荷橋へは路面電車の稲荷町停留所から2分ほど。

階段状の構造物のことを「雁木《がんぎ》」と呼ぶ。渡り鳥のガン（雁）の群れが斜めのジグザグになって飛ぶ様子に由来しているという。新潟などに見られる雪よけの庇も「雁木」というが、今回紹介する雁木は、船着き場の護岸に設けられた階段のことだ。

住宅から川へ直接つながる“プライベート雁木”

江戸時代に舟運が盛んになると、各地に雁木が設けられた。なかでも、雁木の宝庫とも言えるのが水の都・広島だ。広島を舞台にしたアニメ映画「この世界の片隅に」でも、ヒロインの「すずさん」が雁木を使って

◀対岸から京橋川右岸を見たところ。20mほどの間隔で小さな雁木が並んでいる。それぞれの雁木の上には1軒ずつ家が建っていたと思われるが、今は遊歩道が整備されている。

▲京橋川右岸の雁木の一例。向かって左側は石同士が密着しているのに対し、右側は隙間が広いなどの違いがある。

▶雁木を下りると目の前に水面がある。

小舟を乗り降りするシーンが描かれている。

広島は、太田川の扇状地にできたまちで、地元では本川《ほんかわ》と呼ばれている太田川をはじめ、その分流である京橋川、元安川、天満川、猿猴《えんこう》川、治水のためにつくられた太田川放水路と、6本の河川が市の中心部を流れている。

雁木の最大の特長は、潮の干満に柔軟に対応できることだ。水面に向かってせり出した階段ならば、水位が高くても低くても船を着岸させられる。瀬戸内海に面した広島湾は干満差が大きく、そこにつながる河川も、水位が最大で4mほど変化する。川が多く、河川交通が物流の主軸であった広島において、雁木はなくてはならないものだった。

現在でも広島市内には、新旧あわせて約300カ所もの雁木が残っていると言われる。当初は文字どおり木でつくられていたと見られるが、戦国武将の毛利輝元によって城下町の建設と築堤が始まった16世紀末以降は石造、現代のものは多くがコンクリートで造られている。

全国に設けられた雁木の多くは、船の荷揚げや荷降ろしのための公共施設で、規模も大きなものだった。だが、広島市内にはそうした公共の雁木のほかに、川に面した商家が家ごとに所有するごく小規模な雁木が数多く存在した。「プライベート雁木」、あるいは「マイ雁木」とでも呼ぶべきドボかわいい構造物だ。

「水の都・広島」と「被爆地ヒロシマ」両方の歴史の証人

広島駅の近くを流れる京橋川の右岸には、明治から大正にかけて造られたとみられる小さな雁木が20mほどの間隔で、約30カ所も残っている。2007年には、全国最大規模の河川舟運用雁木群として、土木学会選奨土木遺産に登録された。

京橋川に架かる栄橋から稲荷橋まで、右岸側を南へ向かって歩いてみ

▲京橋川は干満差が大きく、干潮時には干潟が現れる。

た。一帯は江戸時代には武家地だった場所で、明治以降は商家が立ち並んでいたとされる。今では土手の上は遊歩道になっており、そこから川へ向けて雁木が延びている。人ひとりが通れるほどの狭い階段だ。

ちょうど干潮の時間帯で、雁木の先には干潟が顔を覗かせていた。ぬかるみに気をつけながら、干潟伝いに隣の雁木まで歩き、土手に上る。今度は土手を通ってさらに隣の雁木へ。干潟へ下りて歩いて上り、土手を歩いてまた下りる。楽しい。雁木は一つひとつ違っていて、天井がついていたり、錆びた木戸の蝶番や船を係留する鉄の輪が残っていたりする。

石積みの方法や表面の加工がまちまちなのは、公共工事として一斉に整備されたのではなく、住宅の一部として個人で普請《ふしん》したからだろう。勝手口からトントントンと雁木を下りて、船で運ばれてきた生活物資を受け取る。川で洗濯をしたり、舟で出かけたり、ということもあったのかもしれない。プライベート雁木を通して、戦前までこのまちに息づいていた「川と共にある暮らし」が見えてくる。

干潟を歩いていると、石が赤茶けていたり、表面が剥がれていたりする箇所があった。地元のNPO「雁木組」がホームページで公開している調査報告書によれば、これは「石が長時間熱に曝されたために酸化鉄に変化し（略）、熱により脆くなった表面が、水面の温度変化を受けて剥離したものと考えられる」という。この辺りは、原子爆弾の爆心地から1.5kmほどしか離れていない。雁木の石の変質はこのときのものなのだろうか。さらなる調査が待たれるところだ。

人々が川と暮らしていた「水の都・広島」と、平和へのメッセージを発信し続ける「被爆地ヒロシマ」。京橋川の雁木群はその両方を見守ってきたのである。

◀長時間熱に曝されたために赤茶け、表面が剥離した箇所もあった。

ドボ探《たん》コラム 「かつて川は道だった」を実感する舟遊び①

今回は、小舟で川をゆく楽しみをお伝えします。現代の私たちの暮らしでは、まちなかの川を舟で移動する機会はほとんどありません。けれども、まだ鉄道の普及していなかった明治の初め頃まで、水上交通は陸路と同じくらい発達していました。川が“道”の役割を果たしていたのです。

そして今、再び水辺の魅力に注目が集まっています。舟から眺めるまちの顔は、いつもとひと味違いますよ！

「水の都」から川が消えた？！

東京、大阪、広島などなど、「水の都」「水都」と呼ばれる都市は、全国にたくさんあります。例えば広島には、それぞれの家には裏木戸から川へ下りる「雁木《がんぎ》」(p.94) という階段がついていました。階段状になった“プライベート船着き場”です。今も、京橋川のほとりには家はなくなっているものの、雁木がほぼ等間隔に並んで残っています。舟で運んできた荷を下ろしたり、舟で出かけたりしていた証しです。

東京も、江戸時代には水の都の一つでした。徳川家康によって川や堀が縦横に張り巡らされ、人や荷物を運ぶ高瀬舟で賑わっていたのです。

武家は豪華な屋形船、庶民は小さな屋根船で遊覧する「舟遊び」も盛んでした。当時の浮世絵には、隅田川の花火を船から眺める人々の様子などがいきいきと描かれています。

◀クルーズの種類によっては、三味線演奏を聴けることも

▲神田川の柳橋界隈には屋形船の舟宿が並ぶ。

けれども、明治になると全国的に、主な交通手段が舟から鉄道へ移り変わっていきました。船着き場を使う必要がなくなった川や水路では、水害から都市を守るために高い堤防が築かれ、人々は水辺から遠ざかることになったのです。

東京では昭和の高度成長期には水質の汚染が進み、川から悪臭が漂うようになりました。私も幼稚園児の頃、澱んだ神田川からメタンの気泡がポコッポコッと、坊主地獄のように湧き上がってくるのを見た覚えがあります。

こうなるともう、舟遊びどころではありません。まちなかの川や水路はどんどん覆われて、暗渠になっていきました。まさに「臭いものにフタ」をしたんですね。

復活！　東京の舟遊びで“江戸”を味わう

もちろん今では、東京の川はかなりきれいです。かつての舟遊びも復活し、さまざまなクルーズ船が運航しています。なかでも私のお気に入りは、屋根のない船で神田川から隅田川界隈を巡るコース。深い谷になった御茶ノ水駅の真横を通ったり、日本橋の高速道路を真下から見上げたり。隅田川の手前には、多くの屋形船が係留されていて江戸情緒が味わえます。

暑い日でも、水の上では風が心地よく頬をなでていきます。場所によっては橋の下と水面がかなり近く、満潮に近い時間には手を伸ばせば届きそうなところがあって、ちょっとしたスリルも楽しめます。

橋の上や、川に面したビルの窓から手を振ってくれる人がいるのも嬉しいもの。舟に乗り、建物に挟まれた細い川を滑るように進んでいくと、「ああ、川って道だったんだ！」と実感できるのです。 (p.101に続く)

カタツムリの殻が秘めた歴史ミステリー

五ノ神まいまいず井戸

◎東京都羽村市

ドボかわいい！ポイント

**深い井戸を掘るための工夫から
くるくると螺旋状に降りていく
形になった、謎に満ちた井戸**

JR青梅線羽村駅から徒歩２分。
五ノ神社の境内にある。

マイマイとは、カタツムリのこと。「まいまいず井戸」では、地上から水場まで、螺旋状の通路を降りていく。その形状がカタツムリの殻に似ていることから、こう呼ばれている。ねじのようにくるくると巻いた通路が、壁面の緑に映えてドボかわいい。

機械がなく、掘削の技術も発達していない昔は、細い筒状の穴を深く掘るのは容易なことではなかった。そこで、地表から深いところに地下水の層がある場所では、崩れやすい砂れき層の部分をまずすり鉢状に掘り、その底に垂直の井戸を掘ったのだ。

まいまいず井戸は、江戸時代に「上総《かずさ》掘り」が開発される以前からあ

▲すり鉢の底に屋根をかけた井戸がある。澄んだ水が溜まっていた。

◀五ノ神まいまいず井戸の全景。螺旋状の通路を降りていくと、少しずつ見える景色が変わって楽しい。筒井戸は石垣になっており、周囲の地山から湧き出す水を濾過するために、砂利が裏込めしてある。

▶五ノ神社の境内に立つ碑。

る原始的な掘削方法と言われている。上総掘りは、やぐらを組んで大きな車輪を仕掛け、竹の弾力を利用して鉄ノミを打ち付けることで穴を穿つ、いわば簡素な機械掘りだ。これに対して、まいまいず井戸はすべて人力で施工した。

全国を調査した資料によると、この形式の井戸は関東の武蔵野台地に最も多く見られ、7カ所が確認されている。他は伊豆七島の新島、式根島、八丈島に1カ所ずつ。関東以外では、徳島県徳島市の寺院の境内に、「庭園の池」として掘られたものが1カ所ある。

平安か、鎌倉か、江戸か 造られた時期の謎

武蔵野台地に残るまいまいず井戸のうち、東京西部のJR青梅線羽村駅のすぐそばにある「五ノ神《このかみ》まいまいず井戸」を訪れた。五ノ神はこのあたりの地名で、熊野五社大権現を祀った五ノ神社に由来する。井戸は、この神社の境内にある。

大きさは地表面の直径が約20m、すり鉢の底までの深さが約5.3m、踊り場状になったすり鉢の底の直径は約3m。その中心に内径約1.2m、深さ約6.7mの円筒状の井戸がある。

筒井戸の内壁は、丸石の石垣になっている。昭和の改修工事のとき、井戸の底に松の丸太を五角形に組んで基礎とし、その上に石積みをしていることが確認された。このことから、筒井戸は踊り場から掘り下げたのではなく、最初から筒井戸の底、つまり地上から12mの深さまですり鉢状に掘り、そこに基礎を築いて石垣を組み上げていったと考えられている。狭い場所で丸石を崩れないように積み上げるには、高度な技術が必要だ。

このまいまいず井戸は、いつ掘られたものかはっきりしない。地元の言い伝えでは、平安時代初期の大同《だいどう》年間（806～810年）に造られたという。

また、鎌倉時代という説もある。その根拠は、江戸時代半ばの1741年に井戸浚《さら》いが行われたとき、井戸の底から板碑（石版の墓標）が24、5本出てきて、最も古いものは「建永」と記されていたという古文書が残っているからだ。建永年間は1206～7年で鎌倉時代初期なので、井戸の創建はその頃だろうというわけだ。しかし、建永の板碑を後世の井戸建設の際に埋めた可能性もある。

▲すり鉢の上部にも石垣が積んである。創建時の石は、段丘を降りた多摩川から運んだという。

さらに、「いやいや、この井戸はもっと新しい。江戸時代のものだ」という説もある。史料にある1649年時点の五ノ神村のわずかな石高から考えて、それ以前に井戸建設の費用を賄うのはとうてい無理だった、という推測だ。半世紀後の1703年には石高が10倍になっていることから、この間に村の人口が急増し、共同井戸を設けたのではないか、という。

◀五ノ神という地名の基になった五ノ神社。

「まいまいず」はカタツムリの方言か

まいまいず井戸を巡る謎は他にもある。「まいまいず」の「ず」だ。冒頭に書いたように、マイマイはカタツムリのことだが、そこになぜ「ず」が付いているのだろう。

まいまいず井戸というのは総称で、五ノ神の井戸も元は五ノ神社の旧称である熊野社にちなみ「熊野井戸」という名称だった。それがいつしか、「まいまいず井戸」と呼ばれるようになったらしい。武蔵野台地や伊豆諸島の他の井戸も、まいまいには「ず」が付いている。ただし、四国徳島の井戸は「まいまい井戸」で、「ず」は付いていない。

まいまいずは多摩地方の方言、と書いた資料もあったが、どうだろう。復元したまいまいず井戸を展示している府中市郷土の森博物館に聞いてみたところ、「『ず』は不要、という意見は多くあるが、慣用的にまいまいず井戸と呼ばれているので、そう表示している」との回答をいただいた。謎は深まるばかりだ。

いずれにしても、まいまいず井戸が長い間、村の人たちに大切に使われ続けてきた事実は間違いない。五ノ神まいまいず井戸は、1960年に町営水道ができるまで、少なくとも250年以上現役だった。井戸底に板碑を埋めたのも、きれいな水が得られることを祈る意味があると考えられている。螺旋状の小道を眺めていると、水を汲んだ桶を大事に抱えて登る昔の人たちの姿が目に浮かんだ。

ドボ探《たん》コラム　「かつて川は道だった」を実感する舟遊び②

(p.97より続く)

東京オリンピックへ向けて活気づくクルーズ

隅田川での見どころは、なんと言っても永代橋や清洲橋、勝鬨《かちどき》橋などの「復興橋梁群」。関東大震災の復興のために、大正末から昭和初期にかけて建設された6つの橋です。

景観を重視して、すべて異なるデザインになっているので、見応えもたっぷり。橋好きの人々は、間近に見えるリベットの美しさに大興奮です。

リベットは鉄の橋の部材を接合するための部品で、赤く熱した鉄片を1本ずつハンマーで打ち込み、頭を半円形につぶして施工します。作業が危険だし、手間と時間がかかることから、今ではボルトに代わっていますが、昔の橋では整然と並んだリベットを見ることができるのです。

コロナ禍前から、国や都、区なども防災用の船着き場を開放するなど、東京クルーズを応援してきました。外国からの観光客にとっても、舟から眺める東京のまちや橋は魅力的に映ることでしょう。

▲橋の下が近い！　船頭さんの合図で、全員が頭を下げてくぐり抜けたりする（汗）。

▲隅田川の復興橋梁の一つ、勝鬨《かちどき》橋。大型船が通るときに上に跳ね上がって開く「跳開橋」で、今では稼働していないものの、完成当初は1日5回、開いていたという。

◀総武線の鉄橋と東京スカイツリーの組み合わせも、舟ならではの構図。

東京港発展のレガシー 貨物廃線の赤い橋

東京都専用線旧晴海鉄道橋

◎東京都江東区、中央区

ドボかわいい！ポイント

敷設からわずか30年で廃線に。東京港と貨物駅をつなぎ、高度成長期の物流を支えた

旧晴海鉄道橋へは東京メトロ有楽町線・ゆりかもめ豊洲駅から徒歩8分、東京メトロ有楽町線・都営地下鉄大江戸線月島駅から徒歩10分。

「立入禁止」の看板が掛かった柵の先に、運河を渡る線路が見える。コンクリートの桁橋の奥には、赤くさびた鉄のアーチ橋。対岸側には再び桁橋が続く。地元では「赤橋」と呼ばれる旧晴海鉄道橋だ。床版の砂利のすき間からたくましく伸びる雑草と、アーチ部のさび色のコントラストがかもし出す廃線感がたまらない。

かつてはここに、晴海埠頭《ふとう》と越中島の貨物駅を結ぶ臨港鉄道が通っていた。新聞巻取紙（ロール状の新聞用紙）、輸入小麦、大豆、セメント、雑貨などを貨物列車に載せ、越中島駅との間を行き来して海路と鉄路をつないでいたのだ。

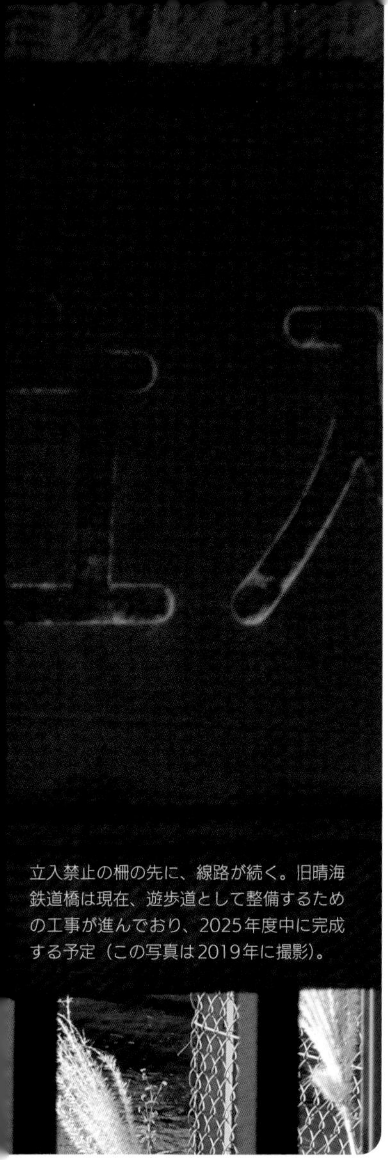

立入禁止の柵の先に、線路が続く。旧晴海鉄道橋は現在、遊歩道として整備するための工事が進んでおり、2025年度中に完成する予定（この写真は2019年に撮影）。

▲東京メトロ東西線木場駅から三ツ目通りを南へ10分ほど歩くと、汐見運河の手前左側に元深川線の線路が100ｍほど続いているのが見える。

▲両岸から延びるコンクリート桁橋にアーチ橋がサンドイッチされている。アーチ橋は、桁とともに太いアーチ部材が「曲げ」に対する抵抗を受け持つ「ローゼ桁」という形式だ。

東京都港湾局が港湾施設の一環として管理するこうした専用線は、他にもたくさんあった。まず1953年（昭和28年）に越中島駅と豊洲石炭埠頭を結ぶ延長約2.6kmの深川線が開通。この路線が分岐して57年に晴海線、59年に豊洲物揚《ものあげ》場《ば》線がそれぞれ開通した。

都の専用線を分岐するかたちで、企業の専用線も敷設された。例えば、東京ガスは豊洲地区に工場を建て、船で運ばれてきた石炭から都市ガスを生成。副産物であるコークスを専用線で出荷していた。

また、東京湾を挟んだ対岸でも60年代にかけて、汐留駅と芝浦埠頭を結ぶ芝浦線、日の出埠頭を結ぶ日の出線などが整備された。最盛期の60年代後半には、総延長24km、年間貨物量170万トンに及んだという。

明治時代の築港計画が60年後に実現

臨港鉄道の発達は、東京港の発展の歴史を物語る。

東京の築港論が初めて登場したのは、1879年（明治12年）のことだった。思想家の田口卯吉が、自由貿易による商業立国を掲げ、品川沖に近代港を開いて国内外の海運基地とすることを提唱したのだ。当時の東京府知事・松田道之は、田口の案に賛同したものの、築港の検討に入った矢先に急逝。計画は白紙に戻った。

その後も東京築港は、浮上するたびに頓挫する。「東京に国際港ができれば横浜港が廃れる」と危惧した外国の生糸商人や、首都への外国船の入港を嫌う軍事関係者たちの根強い反対があったからだ。

この状況が一転するきっかけとなったのが、1923年（大正12年）の関東大震災だ。陸上交通は壊滅し、救援物資を船で運ぼうにも、大型船舶の接岸できる埠頭がなく、荷役は困難を極めた。これが教訓となり、日の出、芝浦、竹芝の各埠頭が整備された。

▲線路跡地の細長い駐車場の突端には、豊洲運河に架かっていた鉄道橋の橋台があった。フェンスの先の運河の中に、橋脚が２基残っている。

ただし、就航を認められたのは国内船のみ。外国貿易の貨物は横浜港から艀《はしけ》で東京港へ運ばざるを得なかった。ようやく東京が開港したのは41年（昭和16年）。日本統治下の台湾、満州、関東州の就航船のみが対象とはいえ、東京港を国際貿易拠点にするという明治以来の計画が、60年越しに実現することになった。

ところが、半年後に太平洋戦争に突入すると東京港は軍専用となり、終戦後はGHQによる接収を受ける。東京港が本格的な国際港としての歩みを踏み出したのは、返還が始まった53年以降のことだ。臨港鉄道として東京都専用線が敷設されたのも、まさにこの時期だった。

高度経済成長を支えた臨港鉄道の今

それからおよそ30年。陸上貨物輸送の主役は鉄道からトラックへと移り変わり、役割を終えた東京都専用線は89年に全線廃止となった。貨物線とはいえ、敷設からわずか30年間という供用期間は、あまりにも短く、はかない。一方で、その短さこそが、日本が敗戦から復興し、高度経済成長を達成するまでの驚異的なスピードを表しているのだ。

廃線からさらに30年がたった今、跡地の多くは再開発され、マンションやオフィスビルに姿を変えた。それでもなお、旧晴海鉄道橋をはじめ、遺構が残っている場所も少なくない。高層マンションの隣地に廃線の線路が100m以上まっすぐ延びていたり、運河の中に鉄道橋のなごりの橋脚が残っていたり。現地を訪れ、ウィキペディアにも載っている往時の路線図を頼りに痕跡をたどっていくと、異様に縦長の駐車場が線路跡地だったことに気づいたりもする。

東京2020オリンピック・パラリンピック競技大会では、ベイエリアに多くの会場が設けられ、それに合わせて都は海上公園の整備を進めてきた。その一環として旧晴海鉄道橋も保存改修され、遊歩道として生まれ変わる予定だ。

橋からは、晴海や豊洲の高層ビル群がよく見えるはず。その同じ場所に、かつては倉庫や工場が立ち並び、埠頭には大型船舶が停泊し、荷物を満載した貨物列車が走っていた。明治維新から関東大震災、太平洋戦争、高度成長を経て東京が、日本がどう変わってきたか。橋を渡りながら、そんなことに思いを馳せたい。

▲以前は汐留駅と築地市場をつなぐ専用線があり、汐留の駅前に踏切だけが残されている。晴海線から分岐し、月島を通ってここへ至る専用線の計画もあったが、実現しなかった。

ドボ探《たん》コラム　本田創さんと行く暗渠さんぽ①

暗渠の“神”が案内するフィールドワークに潜入！

「暗渠」という言葉を私ミカミが知ったのはずいぶん昔。たしか中学生ぐらいのときでした。川や用水路を埋め立ててしまうのではなく、地面の下にコンクリート管を埋めて、その中に水を通す。ふだん何も知らずに歩いている道の地下を滔々と川が流れているイメージが浮かび、ゾクゾクしたのを覚えています。

何年か前、インターネットで調べものをしていると、暗渠についてむちゃくちゃ詳しいレポートを掲載しているブログに出合いました。本田創さんの「東京の水」です。1997年から断続的に続くこのブログで、本田さんは東京都内の中小河川や用水路の跡と暗渠を、それこそ「しらみつぶしに」という表現がぴったりなほど丹念に探索し、調べ上げています。地形ブーム、まち歩きブームのなか、最近は暗渠マニアも増えていて、先駆者の本田さんは、まさにそうした人たちにとっての“神”なのです。

その本田さんがNHKカルチャーでフィールドワークを開催すると聞き、さっそく申し込みました。常連さんが多く、毎回キャンセル待ちが出るという人気講座です。これから4回に分けて、その様子をご紹介します。

戸越公園駅近くに品川用水の貴重な痕跡

2020年6月、コロナで延期されていた講座の1回目がようやく開講しました。この日のフィールドは、東京都品川区の戸越界隈。細川家下屋敷（現在の戸越公園）の池を中心とする用水や川の痕跡と暗渠が見どころです。スタート地点の東急大井町線戸越公園駅に、20人弱の参加者が集まりました。

まず、駅を出てすぐのところにある、「品川用水」の痕跡を見に行きます。品川用水は、羽村取水堰（p.128）に始まる玉川上水の分水の一つ。現在の東京都武蔵野市から品川区まで全長およそ28Kmに及ぶ長い用水路でした。江戸時代から明治時代にかけて200年以上にわたり灌漑用水として品川一帯の田んぼに水を供給し、明治後半には水車の動力や工業用水としての利用も増えていきました。

ところが、関東大震災後に都市化が急速に進み、品川用水は生活排水の流入によって水質の悪化が目立つように。昭和時代には、上流域は三鷹用水として残ったものの、下流域は雨水や下水だけが流れる排水路となり、段階的に埋め立てられて1960年代後半には消滅してしまったといいます。

痕跡とされる場所では、大井町線の線路の前で、道路が唐突に終わっています。この道路こそ、かつての品川用水の跡。「水が流れていた頃は、線路の下をもぐって向こう側へ続いていましたが、埋め立てられて行き止まりになりました」と本田さんが説明します。品川用水の痕跡はもうほとんど残っておらず、明らかにそれと分かるこの場所は貴重なスポットなのだそうです。

自然の河川は、長い年月をかけて台地を削りながら谷をつくり、その底を流れます。つまり、川は周囲よりも低くなっているので、水が枯れにくい。これに対し、人工的に開削された用水路は、なるべく遠くまで水を流下させることができるように、高台に取水口を設け、尾根筋を通します。このため、用水路としての機能が廃止されると、すぐに水が枯れてしまうのです。「自然の状態では水が流れないので、痕跡がなくなるのも早いんです」（本田さん）。 （p.109に続く）

▶大井町線戸越公園駅北口から数分のところにある品川用水の痕跡。道路が線路に突き当たったところで行き止まりになっている。この道路は用水を埋め立てたもの。

93年のリニューアルの際「より速く、より高く、より強く」というオリンピックのモットーをもとに、親柱には未来へ伸びる鋭角的な造形が用いられた。

「世界は一つ」を今に伝える五輪の橋

五輪橋

◎東京都渋谷区

ドボかわいい！ポイント

戦争が終結し、ようやく開催にこぎつけた64年東京五輪の理念を伝える地球儀

JR原宿駅から国立代々木競技場へ向かって徒歩1分。

橋の両端に立つ、合わせて4本の親柱。それぞれが頭上に、うやうやしく地球儀を戴いている。橋名板には「五輪橋」あるいは「ごりんばし」。1964年（昭和39年）に開催された東京オリンピックのとき、さまざまなインフラ整備の一環として架けられた道路橋だ。

地球儀が表現しているのは「世界は一つ」というメッセージ。当時、全国から寄せられた36万通の中から選ばれた64年東京大会のスローガンだ。「スポーツを通じて文化や国籍などの差異を超え、理解し合うことで、より良い世界の実現に貢献する」というオリンピックの理念を受けたものだ。

▲五輪橋の４本の親柱の頭部には、地球儀があしらわれている。

▲親柱の側面にある照明の点検口の扉には、亀倉雄策デザインのエンブレムが配されている。

64年東京大会へ向けた東京大改造の一環

五輪橋の場所は、JR原宿駅のすぐそば。橋の下にはJRの線路が見える。橋を渡ると、国立代々木競技場は目と鼻の先。丹下健三の設計による巻き貝のような屋根が特徴的だ。

64年大会の開催に向けて、東京では都市の大改造が行われた。まず、主な会場が都心の神宮・代々木地区と世田谷の駒沢などに分散していたことから、選手や観客、大会関係者が移動するための道路網が必要になった。青山通りや環状7号線も、このときに整備されたものだ。これらの中には、今でも「オリンピック道路」と呼ばれているものもある。

明治神宮外苑側にある神宮地区には、メインスタジアムである国立競技場をはじめ東京体育館、神宮球場、秩父宮ラグビー場、報道関係者のためのプレスマンハウスが整備された。一方、明治神宮内苑に隣接する代々木地区には、水泳などの会場となった前述の国立代々木競技場や選手村がつくられた。

代々木地区は、戦前に練兵場があった場所だ。戦後はGHQに接収され、ワシントンハイツと呼ばれる米軍住宅になっていたが、64年大会の招致が決定したのを契機として日本へ返還された。

五輪橋は、この神宮地区と代々木地区を結ぶ道路が、山手線の線路をオーバーパスするために架けられた橋だ。道路は神宮外苑から原宿駅前を通り、五輪橋で山手線を越えた後、返還された敷地を貫いて富ヶ谷へ至る。この道路を挟んで北側に選手村、南側に代々木競技場とNHK放送センターなどがつくられた。

五輪橋から続く道路は選手村のメインストリートで、大会中には専用バスが巡回していた。路線ごとに各国の都市名の愛称が付けられ、この通りは「ロンドン通り」と呼ばれたという。大会後に選手村は代々木公園となり、ロンドン通りは都道413号赤坂杉並線として整備された。現在では代々木公園交番前で井ノ頭通りと合流し、吉祥寺方面へとつながっている。

70年代後半から90年代後半まで、ロンドン通りは「ホコ天」、つまり歩行者天国が実施され、「竹の子族」や

▲◀高欄の壁には、陸上、柔道、体操のレリーフを掲げている。

アマチュアバンドの路上ステージと化していた。私だけでなく読者のみなさんの中にも、奇抜な衣装をまとい、ラジカセの音楽に合わせて踊りまくる若者の姿を覚えている方がいるだろう。

「五輪橋」の名にふさわしく 90年代に再整備

実は、五輪橋は最初から今のような装飾を施されていたわけではない。東京都が「著名橋整備事業」によって、93年にリニューアルしたものだ。それまでは、何の変哲もない桁橋だった。架橋時はオリンピック前の建設ラッシュで、景観への十分な配慮をする余裕がなかったからだ。

この事業で五輪橋はその名にふさわしく、64年大会との関連性を再考した整備がなされた。地球儀を載せた親柱のほか、欄干には月桂冠のモチーフとともに、64年大会で日本が活躍した陸上、柔道、体操の競技のレリーフが掲げられている。

東京2020オリンピック・パラリンピック大会は、開催を目前にしながら、新型コロナウイルス感染症の影響で翌年に延期された。グローバル化の進展は、伝染病のような負の事象も地球規模に拡大させる。だからこそ今、世界は力を合わせて健康への脅威と闘わなければならない。

本来なら40年に開催されるはずだった前回の東京大会は、戦争の影響で中止された。それだけに一層、64年大会では人類の平和と協力を希求して、世界の結束が高まった——。リニューアル後の五輪橋のデザインは、そのことを今の私たちに伝えている。東京2020大会が、世界が一つになってコロナ禍を乗り越えた証となることを切に願う。

▲下にはJRの線路が見える。画面奥は、新しくなった原宿駅。

ドボ探《たん》コラム　本田創さんと行く暗渠さんぽ②(p.105より続く)

細川家下屋敷のために開削された戸越上水

次に向かったのは、文庫の森と戸越公園。ここは肥後細川家の下屋敷の一つ、戸越屋敷の跡です。品川用水は、じつはこの庭園の池に水を供給するために開削された「戸越上水」が前身でした。庭の池に水を汲むために何十キロもの水路を引いてしまうとは、なんと贅沢なことでしょうか。ただ、さすがに贅沢が過ぎたのか、戸越上水は開削から2年後の1664年に廃止されてしまいました。

けれども、せっかく水路をつくったのに、使わないのはモッタイナイ。というわけで、品川領の村々から「灌漑用水として利用したい」という訴えが起こります。そこで、1669年に水路を拡幅して復活したのが、品川用水です。

戸越公園の入口には、薬医門と呼ばれる大名屋敷の面影を残す立派な門が遺されています。本田さんが門の前でサッと取り出したのは虫除けスプレー。「水辺は蚊が多いですからね。皆さんもよかったらどうぞ」。皆でありがたくお借りして準備万端、門内に入りました。

公園の中は、池を中心として渓谷や滝、築山などが配置され、ぐるりと一周できる池泉回遊式庭園になっています。本田さんによれば、この場所は古《こ》戸《と》越川《ごえがわ》の谷頭にあたり、細川家下屋敷時代からあった湧水地。池のために戸越上水を引いたとはいえ、自然の水も湧いていたわけですね。「公園を建設するときに、今でも水が湧いていることが確認されました」（本田さん）。(p.113に続く)

▲マイクを使って説明する本田創さん。屋外なので、周囲と十分な距離を取れる場所ではときどきマスクを外し、熱中症を予防。

▲戸越公園の池へ続くせせらぎ。園内には今もわずかながら湧水があるという。

◀戸越公園の薬医門。大名屋敷の面影が残る。

「象の鼻」に始まった港ヨコハマ物語

象の鼻

◎神奈川県横浜市

ドボかわいい！ポイント

元はまっすぐだった突堤がいつしか伸び、象の鼻と呼ばれ、公園となって人々の憩いの場に

みなとみらい線日本大通り駅の出口１から徒歩約３分。

横浜港大さん橋国際旅客ターミナルに、日本最大の客船「飛鳥Ⅱ」が停泊している。その大さん橋の付け根あたりから横へ張り出している防波堤が「象の鼻」だ。まさにゾウの鼻のように、大きくカーブを描いている。先端まで歩いてみると、鼻の先にあたる部分がくるんと丸くなっていてドボかわいい。

二度目の来日で象の鼻に上陸したペリー提督

一帯は、横浜開港150周年の記念事業で、2009年に象の鼻パークとして再整備されたが、この場所に波止場が最初につくられたのは開港と同

防波堤の付け根から先端を見る。弓なりに弧を描く形がゾウの鼻に似ていることから「象の鼻」の名が付いた。

▲象の鼻は小型旅客船の係留施設として現役。防波堤の奥、飛鳥Ⅱが停泊しているのが大さん橋。

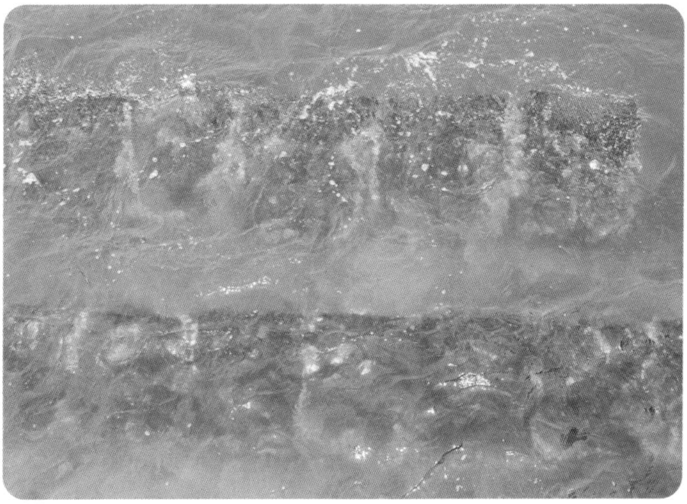

▲関東大震災で沈下した開港初期の石積み護岸の一部が保存されている。

時なので大変古い。というより、この場所こそが「横浜港発祥の地」なのだ。

じつは1854年3月、ペリー提督が黒船で二度目に日本へやって来て、上陸したのも象の鼻地区だった。このときに日米和親条約が締結された。

4年後の1858年に日米修好通商条約が結ばれ、「神奈川」が開国港の一つに決まった。貿易で有利になるよう、江戸の近くに港を開きたかった幕府側の提案だ。しかし、アメリカが要望した神奈川湊は東海道の宿場であり、日本人の攘夷派を刺激しかねない。幕府は苦肉の策として、小さな漁村であり和親条約ゆかりの地でもある横浜を「ここも神奈川だ」と主張し、開港場にしたという。

こうして、象の鼻地区に東波止場、西波止場という二つの突堤が建設されたのが、横浜港の始まり。ただし、このときはまだ現在のようにカーブした防波堤ではなく、直線的な突堤が平行に並んでいる状態で、東は外国船の輸出入貨物積み下ろし用、西は国内船用として使われた。

だが、沖合に停泊した船と行き来して貨物を運ぶ「はしけ」は、波風の影響を受けやすく、荷役ができないこともあり、改良が課題となっていた。

そんなとき、大きな火災が起こる。豚肉料理の店を火元としたことから「豚屋火事」と呼ばれるこの火事で、税関の前身である運上所などが被災。復興に合わせ、波止場の機能も強化することになった。海へまっすぐ延びていた東波止場の突堤の鼻先を西側へ弓なりに延ばし、船着き場と防波堤を兼ねるようにしたのだ。工事は1867年に完成した。

イギリス波止場がいつしかゾウの鼻に見立てられて

東波止場は当初「イギリス波止場」とも呼ばれていたが、いつ頃からか、その見た目から「象の鼻」の名称を得たようだ。

▲防波堤の先端部。対岸にはクイーン（右側）やキング（左端の茶色）が見える。

1896年（明治29年）に内務省臨時横浜建築局が発行した『横浜築港誌』には「其埠頭ハ（略）西方ニ屈曲シテーノ象鼻形ヲ為セリ」と表現されている。「テーノ」は「丁《てい》の」か「体《てい》の」、あるいは別の言葉か分からないが、私は最初、「象鼻形」は社寺建築に見られる木鼻《きばな》（柱から突き出た部分に付ける彫刻）の「象鼻」に見立てたのかと思った。当時、本物のゾウを見たことがある日本人はそういないと考えたからだ。

だが、調べてみると、明治時代にはゾウの見世物が流行し、1888年に上野動物園でも飼育されるようになって以降、全国でブームになったという。西波止場を訪れ、「ゾウの鼻みたいだね」と思う人は案外多かったのかもしれない。

いずれにせよ、1910年の地図には「英吉利《イギリス》西波止場」、1929年の地図には「象の鼻」と記されていることから、昭和初期にはこの名称が定着していたようだ。

小さな波止場がゾウのように大きな国際港湾に成長

東波止場の改良によって、荷役が安定して行えるようになったものの、貿易量はどんどん増大し、1889年には港の拡大に着手。これが、p.48で紹介した赤灯台・白灯台の建つ東水堤、西水堤と、鉄製の大さん橋の工事だ。

その後、1917年（大正6年）には西波止場側に「新港埠頭」が完成。横浜港は、設備を備えた近代港湾施設として生まれ変わった。

象の鼻はというと、1923年の関東大震災で被災し、直線的な形状に復旧されていたが、現在は写真のように明治期と同じように美しい曲線を取り戻している。

象の鼻の先端に立って陸を眺めると、内側の船だまりはごく狭い。対岸には「クイーン」の愛称で知られる横浜税関の建物が目の前に見える。「キング」こと神奈川県庁もすぐ横だ。長い間、日本有数の国際港湾の座をほしいままにしてきた横浜港が、この小さな波止場から第一歩を踏み出したかと思うと感慨深い。

◀2009年に「象の鼻パーク」として再整備された際、復元した部分にも古い石積みが使われた。

ドボ探《たん》コラム　本田創さんと行く暗渠さんぽ③(p.109より続く)

コンクリート蓋を被せた古戸越川の暗渠

さて、ここから先は、いよいよ暗渠探検です。たどるのは、古戸越川の流路。この川はかつて、細川家下屋敷の池から大間窪と呼ばれた谷を北へ向かって流れ、戸越銀座通りに沿って流れていた川と合流、最終的に目黒川に注いでいました。1960年代に暗渠化され、今も一部にコンクリート蓋を被せた暗渠の区間が残っています。

少し歩いて東海道新幹線の高架下をくぐったあたりに、かつて古戸越川に架かっていた小さな橋が移設保存されています。その名も「古戸越橋」。親柱の銘板に「昭和八年二月成」とあり、1933年に架けられたことがわかります。「川が暗渠になった後も親柱と高欄は元の場所にありましたが、数年前、水路敷が避難路として整備された際に移設されました」（本田さん）。

古戸越川の流路に戻って少し進むと、横須賀線の土手に沿って、古そうな暗渠が現れました。側面と底の三面をコンクリートで固めた水路に、コンクリート板の蓋《ふた》を被せた、いわゆる「蓋暗渠」と呼ばれるタイプです。本田さんは「継ぎ目に2カ所ずつ穴が開いた、ちょっと変わった蓋ですね」とコメント。暗渠から湿気が上がってくるのか、蓋はいい感じに苔むしていて、侘び寂びを感じさせます。　（p.117に続く）

▲いよいよ暗渠道のスタート！　皆さんさっそうと足を踏み入れます。

▲移設された古戸越橋の親柱と高欄。

◀横須賀線の土手に沿って蓋暗渠が続き、土手を貫通している。

水準原点が秘めたオランダの治水技術

日本水準原点

◎東京都千代田区

ドボかわいい！ポイント

ローマ神殿風の石造建築に“ご神体”のようにうやうやしく守られた「目盛り」

地下鉄永田町駅や桜田門駅などから徒歩５分程度。国会前庭北地区の憲政記念館構内。開館中なら、標庫は自由に見学できる（原点はイベント時以外非公開）。

国政の中枢である東京・永田町。日本水準原点は、まさしくその「一丁目一番地」にある。国会議事堂と皇居内濠に挟まれたこの敷地には明治時代、陸軍参謀本部陸地測量部が置かれていた。

現在は憲政記念館の構内となっていて、誰でも入ることができる。駐車場を抜けた先の公園を見渡すと、石造りの建屋を発見。水準原点を格納する「標庫」だ。

標庫は建築面積14.93m^2、高さ4.3m。実際の印象は、写真よりずっと小さくてドボかわいい。このサイズ感には不釣り合いなほどの重厚さとローマ神殿風の凝った意匠もチャ

▲「水準原点」を示す銘板。

◀日本水準原点標庫。設計者は建築家の佐《さ》立《たち》七次郎。1996年に東京都指定有形文化財として指定され、2019年には日本水準原点とともに選奨土木遺産に認定された。

▶菊紋のついた鉄扉を開けると、水準原点の目盛り板が見えるようになっている。

ーミングだ。

水準原点そのものの正体は、目盛りが刻まれた水晶板。長さ数十センチのこの目盛り板を“ご神体”のようにうやうやしくお守りしているのが標庫なのだ。

語呂合わせで決まった？ 水準原点の標高

日本で近代的な測量が始まったのは、明治維新の後。課税やインフラづくりを目的とする内務省系の官庁と、国防や軍事戦略上、地図制作を急ぐ陸軍系の官庁が当初は別々に測量事業を進めていたが、1884年（明治17年）には陸軍参謀本部に統合。91年（同24年）に日本水準原点が設置された。

土地の高さは海水面を基準に表されるが、その高さは常に一定ではない。そこで、実際の測量に使える固定された基準点を陸上に設けるわけだ。

ちなみに、日本水準原点の目盛り「０」は、東日本大震災の後の測量によって現在は標高24.39mに修正されているものの、設置当初は標高24.5mだった。

なぜ、そんな半端な高さに決めたのか。1929年発行の『明治工業史・土木篇』には「明治24年5月、水準原点を設け、その零分画の位置を真高24ｍ50のところに一致せしめて設置し」という内容の記述がある。明治24年5月だから24.5ｍ？　だとしたら、ちょっと面白い。

荒川の観測を基に 東京湾の平均海面を決定

さて、土木史的にさらに興味深いのはここからだ。この水準原点の成り立ちに、明治初期の日本で活躍したオランダ人の土木技師が関わっていたのである。

日本の標高は、東京湾の平均海面T.P.（Tokyo Pail）を基準としている。水準原点の標高24.5ｍも、T.P. 0ｍを基点として測ったものだ。

▲エンタープラチュア（帯状部）には、右から「大日本帝国」と刻まれている。

このT.P.の基になったのが荒川の基本水準面A.P.（Arakawa Pail）で、参謀本部がA.P.+1.1344mをT.P.0mと決定した。

ではA.P.はどのように決まったかといえば、内務省が荒川河口の霊岸島で1873年（明治6年）から79年にかけて毎日潮位を観測し、その平均値をA.P.0mとした。この潮位観測に使われた量水標を設置したのが、河川整備のために明治政府が招聘《しょうへい》した「お雇い外国人」であるオランダ人技師のリンドだった。

1872年（明治5年）にファン・ドールンを技師長とするチームの一員として来日したリンドは、利根川と江戸川の11カ所に量水標を設置し、水位観測を開始。翌年6月には霊岸島にも量水標を設置した。観測した零位を後にA.P.と名付けたのもリンドだという。

じつは、この一連の作業のなかで、リンドは日本最初の水準原点も設置していた。千葉県銚子市の飯沼観音の境内に今ものこる「水準原標石」だ。参謀本部が日本水準原点を設置する19年前のことだった。

オランダ流の「低水制」がもたらしたもの

オランダ人技師たちが日本に伝えた治水技術は、川の中に構造物（水制）を築いて水の流れをコントロールするもので、「低水制」と呼ばれる。洪水を防ぎつつ、堤防を低く抑えて川を水路として利用できるメリットがあった。ファン・ドールンが手掛けた安積疏水《あさかそすい》は、この工法の成功例として名高い。

しかし、平らな国土を持つオランダと違い、高低差が大きく川の流れも急な日本では、低水工法は難易度が高かったようだ。交通の中心が舟運から鉄道へ移ったこともあって、川は利用より治水を重視されるようになり、貯水ダムや高い堤防で洪水を防ぐ「高水制」が主流になっていく。活躍の場を失ったオランダ人技師たちは、相次いで帰国。リンドも1875年には日本を後にした。

日本水準原点は、2021年に130周年を迎えた。もちろん今も全国に約2万点ある水準点の文字通り「原点」として現役だ。この国土の高さの基準づくりに、オランダ流の治水技術が貢献したことにも思いを馳せてみたい。

◀霊岸島の検潮所があった場所には現在、シンボリックな観測柱が設置され、荒川水系のデータ観測が続けられている。

ドボ探《たん》コラム　本田創さんと行く暗渠さんぽ④(p.113より続く)

銀座レンガ街の瓦礫で舗装した戸越銀座

古戸越川の暗渠の終点は、三ツ木通りです。戸越銀座通りへ続くこの通りは、かつては川だったそうです。3D地図で見ると、通りに沿って東西に谷が続いているのがよく分かります。「谷底をいく筋かに別れていた川と水田やあぜ道は、大正時代の耕地整理によって直線状の道路とその脇を流れる川に整理されました。その後、昭和初期に川が暗渠化されて現在に至ります」（本田さん）。古戸越川の暗渠は、地下でこの川の暗渠と接続され、合流しているのです。

川が暗渠になったきっかけには、大正末の1923年に起こった関東大震災が関係しています。戸越の通りは耕地整理後も地形的に谷底であることに変わりはなく、雨が降るたびにぬかるみになっていました。そんな折、銀座レンガ街では、関東大震災の復興事業としてレンガ敷きの道路をアスファルト舗装に改修する工事が行われます。戸越の商店主たちは、このレンガを譲り受け、水はけの悪い道を舗装することにしたのです。戸越銀座は全国に広まった「〇〇銀座」の元祖として有名ですが、それはこの「銀座のレンガ」にちなむもの。レンガ舗装と同時に、道に沿って流れていた川は暗渠になりました。

私ミカミも戸越銀座の名前の由来は聞いたことがありましたが、この通りが元は川だったこと、今も地下に暗渠になった川が流れていることはまったく知らなかったのでびっくり。戸越銀座通りの交差点で直交する道路の先を眺めると、両側が坂になって上がっており、この道が谷底を通っていることを実感しました。

戸越銀座駅の手前からは、品川用水と繋がる北側の分流の暗渠道へ進みます。途中、星薬科大学の塀に沿って、一部分だけ暗渠が道路面よりも高くなっている箇所に遭遇。本田さんは自作の地図に「謎の高所暗渠」と記しています。本田さんは「どうしてこうなったのか分かりませんが、コンクリート板の蓋の上を歩くと音が響いて面白い。いかにも暗渠の上を歩いている感じをお楽しみください」とにっこり。全員でゴトゴトと鳴る蓋の音とガタつく足裏の感触を堪能しました。そういえば、“20世紀少女”だったミカミの子どもの頃は、コンクリート蓋の側溝がいっぱいあった気がします。令和の今、暗渠さんぽで昭和にプチタイムスリップできるとは…。

ここから終点の武蔵小山駅までは10分ほど。最後に立会川支流跡を通り、駅に到着。解散となりました。

谷頭の地形を生かして池泉庭園を築いた細川家。その池の水を補うべく引いた戸越上水が、品川用水となって一帯の田んぼを潤し、人々の暮らしを支えた。谷を刻む自然河川は人口の増加につれて暗渠化され、品川用水とも繋がった。水田が宅地になり、役割を終えた品川用水は埋め立てられて水を失い、一方で、暗渠になった自然河川は今も静かに都市の地下を流れ続ける——。戸越の暗渠さんぽは、この地に刻印された江戸と東京の水をめぐる歴史に触れるショート・トリップとなりました。

▲戸越銀座通りの商店街。現在もこの道の地下には川が流れている。

▲星薬科大学の敷地に沿った謎の高所暗渠。上部は歩道になっている。

▲立会川支流の暗渠は、住宅の間を通る細い路地。ここもコンクリートの「蓋暗渠」だ。

構造アーチと装飾アーチのギャップに萌える

聖橋

◎東京都千代田区、文京区

ドボかわいい！ポイント

どっしりとした大きなアーチと、その上に配された小さなアーチのコラボがかわいい「復興橋梁」

JR中央線御茶ノ水駅聖橋口、
地下鉄千代田線新御茶ノ水駅からすぐ。

神田川の谷をまたぐコンクリートのアーチ橋、聖橋《ひじりばし》。アーチ越しに地下鉄の赤い電車が横断する様子が、昔から好んで写真に収められてきた絶景ポイントだ。

聖橋のかわいらしさは、マッシブなコンクリートのボリューム感と、それに相反して小さなアーチがリズミカルに繰り返される繊細なデザインとのギャップにある、と私は思う。「気は優しくて力持ち」とか「ツンデレ」のイメージだ。

多くの人目に触れる要所には美しいアーチ橋を

聖橋は、関東大震災後の復興橋梁

◀聖橋の全景。両側の側径間の主桁は鉄骨だが、コンクリートで被覆し、中央のアーチと一体感を出している。2018年に長寿命化工事が完成した。

▶聖橋の下を中央線や地下鉄丸ノ内線が通過する。

▲外堀通りをまたぐ側径間部分。鉄骨の桁が見える。橋台にも小さなアーチが配されている。

の一つとして、1927年（昭和2年）に完成した。復興橋梁といえば、永代橋や清洲橋など隅田川に架かる橋が有名だが、当時の帝都復興事業によって旧東京市内だけで425もの橋が建設されている。このうち聖橋を含む115橋を内務省復興局つまり国が、残り310橋を東京市が架設した。

復興局は震災復興のためにつくられた部局なので、内務省、鉄道省、大蔵省をはじめ各省庁から人材を集めて組織された。土木部長に太田圓三、橋梁課長に田中豊、課長補佐に成瀬勝武というそうそうたる土木技術者が集結するとともに、逓信省の建築スタッフも参加していた。

復興局による復興橋梁は、隅田川以西の都心部ではアーチ橋が多い。当時の橋梁技術者たちの間では、「都市の要所には、美観に優れたアーチ橋を架けるのがよい」と考えられていたからだと言われる。また、同一河川では橋梁形式を統一するという原則もあったようだ。

神田川下流の復興橋梁は、聖橋をはじめほとんどがアーチ形式だ。まだ舟運が物流の重要な役割を担っていた当時、神田川は東京有数の物流幹線だった。船の通行量が多ければ、川の中に橋脚を設けなくてすむアーチ橋は好都合であるし、船から目にする機会が多いなら美しさの点でもアーチ橋がもってこいだ。

また、橋を通る道路の重要度も関係したと見られる。聖橋は、復興計画の一貫として新設された幹線街路12号線が神田川をまたぐ位置にある。つまり、下を流れる川も重要なら、上を通る道路も重要。隅田川の復興橋梁群と並んで、まさに東京の再生を印象づける要となる橋だった。

展望を妨げない「上路式（アーチの上に路面がある）」が採用されていることからも、あたりの景観が重視されていたことが分かる。

構造の大アーチと装飾の小アーチの絶妙なバランス

聖橋のある御茶ノ水は、江戸時代に神田山の台地を切り開いて通した谷なので、本来ならば地盤がよく、両岸に足を踏ん張る形のアーチ橋には向いている。しかし、聖橋のアーチは、谷の内側の軟弱地盤に足を下ろさなければならない事情があった。

というのは、右岸側にJR中央線・総武線、左岸側には外堀道路が通っているからだ。このため聖橋は、これらの線路・道路をまたぐために両側の側径間を鈑桁、神田川をまたぐ中央径間をアーチとする複合構造で設計された。側径間は台地に乗って

▲端に設けるのが一般的だった「親柱」をあえて廃したシンプルな高欄。

いるものの、アーチ部の地盤は悪く、巨大な基礎と長い杭が必要となった。

本来ならば、他の形式のほうが楽に架橋できそうなこの場所に、それでもどうしてもアーチ橋を架けたい、という復興局の技術者たちの執念が感じられる。

この橋の設計を手掛けたのは成瀬勝武と、逓信省から兼務で復興局に赴任した建築家の山田守。観光情報サイトなどでは、日本武道館などの設計者として知られる山田の名のみ表記されている場合もあるが、実際は山田が装飾デザインを、成瀬が構造設計を担当している。

成瀬は、橋の基礎への負荷ができるだけ少なくなるように、アーチリブ（荷重を伝達する弓なりの部材）の形を慎重に検討した。結果として生まれたのが、力強くおおらかな印象を与える中央の鉄筋コンクリートのアーチだ。施工のしやすさに配慮し、メラン材と呼ばれる鋼材を使った先進的な工法を取り入れている。また、鉄骨造である側径間の鈑桁にコンクリートの被覆をすることで、アーチリブとの一体感をもたせるように工夫した。

◀中央線のホームにも小アーチ！　以前から謎だったが、外堀通り側とデザインが対になっていたとは。

一方、アーチリブ上の鉛直材の頂部に小アーチを配したのは山田だ。「パラボラ（放物線）型」と呼ばれるこのアーチは、逓信省で設計した東京中央電信局の建物にも見られ、現在では山田のデザインを象徴するものとされている。聖橋の小アーチは、機能とは関係なく、ただ美しさを演出するための“化粧”だという。

成瀬による「力学的構造から生まれた大アーチ」と、山田による「芸術性を追求した少アーチ」の絶妙なバランスが、聖橋のドボかわいらしさの原点なのである。

ドボ探《たん》コラム　橋マニア必見！　隅田川は“橋の博覧会”①

東京・隅田川の下流には、「震災復興橋梁」と呼ばれる橋が九つ架かっています。一つずつすべてタイプが異なるさまは、さながら“橋の博覧会”のよう。いずれも、1923（大正12）年の関東大震災の後に改築または新設された橋で、100年たった今も、水の都・東京に彩りを与えています。

隅田川の復興橋梁群の形式がすべて異なっているのは、当時の土木技術者たちの「首都にふさわしい、美しい景観をつくろう」という考えに基づいています。でも、それだけではありませんでした。というのは、「どんな橋が地震の多い日本に合っているのか」を知るための壮大な“実験”の意味もあったのです。

関東大震災の火事で橋の床が焼け抜けた

隅田川が流れる下町一帯は、第二次世界大戦末期の東京大空襲によって焼け野原になり、多くの人が亡くなりました。私は中高生のころ、隅田川の近くに住んでおり、それについては中学校でも習いました。しかし、そのわずか12年前に、同じ東京の下町エリアが、大地震と同時に発生した火災によって焼き尽くされていたということはあまり知らずにいました。関東大震災のとき、隅田川の橋に大きなダメージを与えたのも、地震の揺れよりむしろ火災の影響のほうだったのです。

関東大震災の前、東京市中の隅田川には吾妻《あずま》橋、厩《うまや》橋、両国橋、新大橋、永代《えいたい》橋、相生《あいおい》橋が架かっていました。これらの橋は、基礎の部分がひび割れるなどの被害を受けながらも、地震の直後にはまだ渡ることができたそうです。

ところが、やがて燃え広がった火事が、橋にも飛び火して通行ができなくなりました。当時、永代橋などいくつかの橋は、すでに木橋から鉄橋へと架け替えられていたものの、床版（路面）には木の板が貼られていたからです。ごうごうと燃える橋を前に、避難する人たちは逃げ道を失いました。唯一の例外は新大橋で、床版が木ではなくコンクリートだったため燃えずにすみ、多くの人命を救ったと言われています。

国の復興局で隅田川復興橋梁群の設計に携わった土木技術者の成瀬勝武は、震災から数日後に永代橋を訪れたときのことを1975年（昭和50年）の『土木学会誌』に書いています。それによると、橋は床が焼け抜け、市街電車のレールと枕木が宙吊りになっていて、人々はその上を這うようにして渡っていたそうです。成瀬自身も「勇気を出して後に続いてみたけれど、下を見ると川には焼けた船や家財がただよい、無残な死体さえ見えた」と惨状を回想しています。

「命の橋」の実現にかけた技術者の思い

復興事業では相生橋、永代橋、清洲橋、蔵前橋、駒形橋、言問《こととい》橋の6橋を復興局が施工し、両国橋、厩橋、吾妻橋の3橋を当時の東京市が施工しました。復興局は土木部長太田圓三の指揮のもと、橋梁課長の田中豊、課長補佐の成瀬が設計を担当。

復興局が関東大震災の教訓を踏まえて打ち出した設計のコンセプトは、まず「緊急時に市民の役に立つもの」にすることでした。その上で、よけいな装飾を付けない質実剛健なデザインとし、力学的な構造そのものから生まれる造形美を目指したのです。

さらに、当時の世界最先端の技術や形式も採り入れ、アーチ橋、吊り橋、桁橋などのさまざまな形式のデザインを用意。それを架設地点の地盤や地形、地質に応じて当てはめていきました。ふつう橋を計画するときは、まずその場所の条件を調べ、それに合わせて設計しますが、ここでは逆のプロセスをたどったことになります。その結果として、「一つずつ形の異なる橋が連なる景観」が生まれたというわけです。隅田川の復興橋梁群は、いずれもその後の戦災でも大きな被害を受けることはなく、大切に修理しながら今も現役で使われています。

（p.125に続く）

▲吾妻橋。地下鉄浅草駅を出てすぐのところに架かる。東京都が管理する隅田川の橋は、それぞれライトアップされており、夜も美しい。

▲蔵前橋。震災復興事業で新設されたもので、それ以前は「富士見の渡し」という渡船場があったという。

時代の価値観を受け止める名橋

日本橋

◎東京都中央区

橋詰広場から見た日本橋。樺島正義ら土木技術者と建築家の妻木頼黄が力を合わせて設計した花崗岩による石造二連アーチ橋。1999年に国の重要文化財に指定された。

ドボかわいい！ポイント

今しか見られない、
日本橋と首都高のギャップが
生み出すシュールな景観

東京メトロ日本橋駅、三越前駅からともに約300ｍ。

頭上の首都高速道路を見上げながら、どっしりとした石の欄干に沿って日本橋の歩道を進む。麒麟《きりん》の彫刻を設えた中央の照明塔が、上下線2本の高架橋の間を割くように空を指している。川の中に立ち並ぶ高架橋の橋脚。川面は高架橋の桁の裏側を水鏡に映し出す。

「日本橋」の地名は全国的に知られているが、その名の由来となった橋がどんな姿をしているか、すぐに思い浮かべられる人は意外と少ないかもしれない。

現在の日本橋は、今からおよそ110年前の1911年（明治44年）に架けられた。花崗岩を積み上げ、ア

▲日本橋とその頭上を通る首都高速道路。上下線の高架橋が橋の照明塔を避けるアクロバティックな景観も魅力。

ーチを二つ連続させたルネッサンス様式の「石造二連アーチ橋」だ。パリの橋をお手本にしたと言われるだけあって、橋自体も重厚なら、彫刻などの装飾も芸術的で優美だ。

幻に終わった「江戸の名物」案

じつは、日本橋のデザインは、今のものに決まる前、別の設計案で検討が進んでいた。そのコンセプトは、いわば「江戸へのオマージュ」。欄干の柱に擬宝珠《ぎぼし》（橋の親柱の上に被せる飾り）を載せたり、テラスを張り出して徳川家康と太田道灌の銅像を配置したり、という案だった。

この場所に初めて日本橋が架けられたのは、家康が江戸に幕府を開いた1603年。それ以降、東海道を始めとする五街道の起点となり、同時に一帯は魚河岸や問屋が軒を連ねる江戸随一の繁華街として賑わうようになった。

明治時代になり、1902年に東京市は老朽化した木造の橋を近代的な石橋に架け替えることを決定。このときの方針が、実用性だけでなく「江戸の名物」として美術的な工事をなすべし、というものだった。家康や道灌は、往時の日本橋を象徴するアイコンだったのだ。

ところが、これに異を唱えたのが、日露戦争後に新たに日本橋の設計担当となった東京市技師長の日下部辨二郎、橋梁課長の樺島正義、技師の米元晋一、そして建築家の妻木頼黄《よりなか》の4人だ。ルネッサンス様式の石橋には似合わない、として家康・道灌の銅像は廃案に。代わりに、麒麟や獅子の彫刻を添えることで“和”のテイストを表現した。

明治もすでに40年が過ぎ、日本が

▲親柱の「日本橋」の揮毫《きごう》は、最後の将軍・徳川慶喜によるもの。

近代国家として歩むなかで、今さら江戸の開祖でもなかろう、というのが時代の気分だったのかもしれない。

日本橋上空に首都高が建設されたのはなぜ？

時は流れ、1963年（昭和38年）。首都高が日本橋の上空を覆った。前回の東京オリンピックの前年のことだ。ただし、よく言われるように、五輪に間に合わせるために用地買収

▲首都高の地下化へ向け、江戸橋出入口の撤去工事が始まっている。

の不要な河川を利用したわけではない。五輪開催が決定したのは1959年だが、当時の建設省はその2年前に、高速道路用地として運河や河川を活用する方針を示していた。日本橋の下を流れる日本橋川も対象となり、当初は川を埋め立てて高速道路を建設する計画が進んでいた。

その頃の東京都心の川は汚れて臭かった。私自身、幼児だった60年代後半に、神田川の濁った水面にボコッボコッと泡が上がってくるのを見た記憶がある。今のように水辺を楽しむ雰囲気はなく、むしろ臭いものにはフタとばかりに、川の暗渠化や埋め立てが歓迎された時代だ。

ちなみに、埋め立てた川床に建設する予定だった高速道路が高架に変更されたのは、1958年に発生した狩野川台風がきっかけだった。東京で30万戸が浸水する被害を受け、排水路として日本橋川を残すべき、という声が高まったのだ。こうして、川の中に橋脚を立て、高架化する形で首都高が建設された。ビルの谷間に高架の曲線が生み出す近未来的な景観は、人々に好意的に迎えられたようだ。

しかし、1980年代になるとこの景観は、高架橋が名橋・日本橋を覆い隠していると批判されるようになる。これもまた時代、ということだろう。

今しか見られない
首都高とセットの日本橋

そして今、首都高を地下化する工事が始まった。神田橋ジャンクションと江戸橋ジャンクションの間に新たに地下トンネルを掘り、高架橋を撤去するものだ。予定では2040年に、日本橋の頭上に青空が戻る。

高度成長期に育った私は、日本橋と首都高のイメージギャップが生み出すシュールな景観が大好きだ。今のうちに心に焼き付けておきたい、と思う。

けれど一方で、明るい日差しの下に輝く日本橋の雄姿も見てみたい。どちらも、時代の価値観を体現する“景”であることは間違いないから。

▲東京都（旧東京市）の紋章を抱えた獅子の彫刻。

ドボ探《たん》コラム　橋マニア必見!　隅田川は“橋の博覧会”②

(p.121より続く)

堂々たる永代橋と優美な清洲橋

隅田川の復興橋梁群の中で、復興局が最も力を入れたのが、永代橋と清洲橋でした。建設費を比較しても、6橋全体の予算の半分近くをこの2橋に割いています。なぜ、この2橋を特別扱いしたのでしょうか。それは当時、永代橋より下流に橋はなく、船で隅田川を遡上するとき、まず目に入るのが永代橋、その次が清洲橋だったからです。

永代橋と清洲橋は、「一対」になっていることで知られます。「帝都の門」と位置づけられた永代橋は、雄大な上向きのアーチを描く下路式アーチ橋。これに対し清洲橋は、2つの門柱（主塔）の間にゆったりと張られたケーブルが下向きのアーチを描く吊り橋です。

この2橋のデザインは、ドイツ・ケルンの設計コンペの上位入賞作品を参考にしています。コンペで1位になり、実際に架橋されたドイツァー橋は清洲橋の、また3位になった案は永代橋のモデルになったと言われています。たしかに、当時のドイツァー橋の写真を見ると、清洲橋にそっくりです。

特別なのはデザインだけではありません。じつは材料も、この2橋だけに高級品が使われています。橋梁課長の田中豊は、日本海軍が開発中だった高強度鋼材「デュコール鋼」に注目。第一次世界大戦後のワシントン軍縮会議で戦艦の保有数が制限されたことから、余った鋼材を永代橋と清洲橋に採用したと言われています。

隅田川の復興橋梁群を見て楽しむには、なんと言っても船がお勧め。乗り合いの水上バスや大型の屋形船、クルーザーのほか、少人数で貸し切りのできる小さな屋形船や水上タクシーなどいろいろあります。次々と現れる橋の下をくぐっていくのは本当に楽しい！　復興橋梁の誕生した背景を知って眺める“橋の展覧会”からは、「災害に負けない橋」に掛けた土木技術者たちの強い思いが伝わってくる気がしました。

▲清洲橋のモデルになったケルンのドイツァー橋。第二次世界大戦で攻撃を受け、その修理中に崩落して、箱桁橋に架け替えられた。

◀永代橋。今では沿岸に高層ビルが立ち並んでいるが、架設当時は高い建物はなく、まさに首都を象徴するゲートとして存在感を放っていた。

◀清洲橋。永代橋の凸型アーチと呼応する凹型の曲線が美しい。船から見ると中央に東京スカイツリーが見える絶景ポイントも。

第3部

「困った」が治った！生活を変えたドボク

人々の悩み事を解決してきた、
今も地元で愛され続ける物件を
ピックアップしました。
献身的でいじらしい土木に感謝！

身を投げうって水門を守る水辺の騎士《ナイト》

羽村取水堰と玉川上水

◎東京都羽村市

ドボかわいい！ポイント

洪水時には自らの門扉をバラして流す「投渡堰《なげわたしぜき》」の自己犠牲の精神

JR青梅線羽村駅から羽村取水堰と
玉川上水取水口まで徒歩15分程度。

洪水が起こったとき、みずからの門扉を体から切り離し、奔流のなかに投じることで、暴力的な水の勢いをかわす——。投渡堰は、そんな自己犠牲の精神を持つドボかわいい堰だ。東京・多摩川の中流にある羽村取水堰は、江戸時代の投げ渡しの技術を現代に伝える現存唯一の例として知られている。

多摩川の水を江戸城へ導く大事業「玉川上水」

今から360年ほど前、参勤交代が制度化されると、全国の大名の家族と家臣は江戸住まいを義務づけられた。人口が急増した江戸では水が足

◀正面が下流側から見た羽村取水堰の投渡堰。現在の堰は明治末につくられたものだが、そのしくみは江戸時代と変わらない。

▶コンクリート支柱の間に、鉄の桁を渡し、丸太の垂直材で投渡木（横架材）を支える。大水のときには、桁と丸太を外して投渡木ごと川に流してしまう。

◀現在の第一水門。取水堰でかさ上げした多摩川の水をここから玉川上水へ取り込む。

りなくなり、新たな水道が求められるように。そこで、幕府は多摩川の水を城下へ引き入れる壮大な計画を立てた。その導水路として建設されたのが玉川上水だ。

羽村から江戸城外濠の四谷大木戸（現在の新宿区四谷）までは、全長43kmに及ぶ距離がありながら、高低差はわずかしかない。100mごとに21cm下る計算だ。こうした緩勾配の水路を掘るには、高度な測量技術が欠かせない。

羽村取水堰の近くにある羽村市郷土博物館の展示には、「夜に提灯を持った人が工事予定地に並び、その明かりの列を見て、高さや方向を測ったという話が伝えられている」とある。こんなローテクな方法で正確な測量ができたというのだから、その技術力には感嘆するしかない。

玉川上水は着工からわずか8カ月で、四谷までの素掘りの水路が完成。翌年にはそこから地下に石樋や木樋を通し、江戸城と城下の南西部一帯に給水した。このとき起点となる羽村につくられたのが、多摩川をせき止めてかさ上げする取水堰と、そこから玉川上水へ分水する流量を調節する二つの水門だ。承応3（1654）年のことである。

▲写真の開閉装置で第一水門の17のゲートを上下させて流量を調節する。

洪水に逆らわず、流れに身を委ねる知恵

堰には大きく分けて、固定堰と可動堰の二種類がある。前者が土やコンクリートを盛り上げた堤であるのに対し、後者は水門のように門扉などを開閉することで、流量を調節できるのが特徴だ。ふだんは門扉を閉

▲画面を横断しているのが、第一水門と小吐水門。奥に見えるのが多摩川と投渡堰で、手前側が玉川上水の起点。

▲川のほとりには、玉川上水を開拓した玉川兄弟の銅像が立っている。

▲第二水門から玉川上水を見る。第二水門は、角材を積み重ねることによって川を締め切る「角《かく》落《お》とし」の構造だ。

じて水をため、川が増水したときは門扉を開いて流下させ、水があふれるのを防ぐ。

現在の羽村取水堰は、右岸側が固定堰、左岸側が可動堰になっており、全長は約380mに及ぶ。ここでせき止められた水は、堰と直角に設けられた第一水門から取水され、30m下流にある第二水門で水量を調整して玉川上水へ流される。

第一水門の脇には、かわいらしい小さなアーチがいくつか並んでいる。「小吐《こはき》水門」と呼ばれる放流口だ。第一水門から流入した水が通常の取水量を超えた場合、余分な水を多摩川へ戻すとともに、流入した土砂を吐き出す役割を持っている。

さて、本題の「投渡堰」は、羽村取水堰の可動堰の部分だ。その構造は、複数の支柱の間に鉄の桁を渡し、「投渡木《なぎ》」と呼ばれる横架材を並べて垂直材で支えるもの。大水の際は、垂直材の丸太を取り払い、投渡木ごと多摩川に流してしまう。

この投渡堰が、みずからを犠牲にしてまで守っているもの——それこそが、玉川上水の水門なのである。二つの水門のうち、「一の水門」と呼ばれた第一水門は、投渡堰と直角に、つまり多摩川と平行に設置されている。もし、堰が開かなければ、せき止められた怒涛がダイレクトに一の水門を襲うことになる。水門は破壊され、濁水が玉川上水に流れ込み、江戸市民の飲水が奪われてしまう。投渡堰はこうした被害を防ぐために、体を張っているのだ。

現在の羽村取水堰は、1911（明治44）年に木製からコンクリート造に改築されたもの。だが、基本的なしくみは建設当初のままだ。360年以上にわたり、“水辺の騎士”として玉川上水を守り続けている。

ドボ探《たん》コラム

日本の近代下水処理は「旧三河島汚水処分場」から始まった!①

排水口へ吸い込まれた水が、その後どこを通ってどこへ流れていくのか、想像したことはありますか？　目に見えないインフラって、意識しにくいですね。でも、大きな災害が起こった後、「一番困ったのはトイレだった」という話をよく聞きます。なくなって初めて、そのありがたみに気づくのが、下水道なのかもしれません。

明治時代になり、日本で最初の近代下水道が建設されたのは、横浜の外国人居留地でした。というのも、当時の日本ではトイレは汲み取り式で、糞尿は近郊の農家によって回収され、稲の肥料として使われていたので、その処理に困ることはなかったのです。一般家庭から出るのは、台所の洗いものや洗たく後の生活雑排水だけで、それらは雨水とともに、路地に沿って掘ったドブを通って川へ直接流していました。

ドブから下水管を地下に埋める暗渠へ 卵型のトンネルが遺る「神田下水」

居留地の次に、日本の都市で下水道を求める声が高まったのは、人口が集中しはじめた東京で、コレラの大流行が起こったのがきっかけでした。公衆衛生の重要性が注目されるようになり、1884年（明治17年）、特に感染が拡大していた神田駅西口周辺から「神田下水」の建設が始まったのです。

しかし、このときの計画では、新設する下水管へ流すのは雨水と生活雑排水のみで、糞尿の処理は汲み取りのまま。下水管に集めた下水も、処理をすることなく川へ放流するものでした。

とはいえ、それまでのような地表に露出したドブではなく、レンガや陶製の下水管を地下に埋める「暗渠《あんきょ》」なので、住居の密集する市街地の衛生状態は向上したはずです。また、レンガ製の下水管は、下部がすぼまった卵型で、水量が少ないときも流れやすく工夫されていました。連結部には、清掃ができるようにマンホールも設けられたそうです。

ところが、神田下水の工事は、国庫補助の打ち切りによって、約4kmの下水管を敷設しただけで中断してしまいます。その後も、下水道の計画はつくられたものの、上水道の整備が優先され、工事はなかなか進みませんでした。あらゆるインフラの近代化が同時に必要となり、財源に限りがあるなか、整備に優先順位がつけられたのは仕方のないことだったのでしょう。

ちなみに、神田下水の一部は130年以上たった今でも現役の下水道として使われていて、1994年には東京都の史跡に指定されています。

下水道法が制定され、いよいよ下水道整備に本腰が入れられることになったのは、東京の上水道整備にめどがついた1900年（明治33年）のことでした。改めて人口調査や測量などの調査が行われ、それを基に当時の東京市全体をカバーする下水道整備計画が立てられました。雨水と生活雑排水、そして糞尿も一緒に下水道管に流す「合流式」の下水道で、一部を除いては、下水の分解処理をしてから川へ放流するものでした。

こうして1922年（大正11年）に、日本初の下水処理場として運転を開始したのが、三河島汚水処分場です。当時外国から採り入れた最先端の技術「散水ろ床法」で下水を処理し、きれいになった水を隅田川へ放流する、画期的な近代下水道が誕生したのです。（p.135に続く）

▲現役の下水道として使われている神田下水。下がすぼまった卵型をしている（写真提供：東京都下水道局）。

▲旧三河島汚水処分場の喞筒室の外観。レンガタイルが美しい。この中に10台のポンプ機が設置されており、芝生の下を導水渠が通っている。

水争いを丸く収める日本生まれの分水装置

久地円筒分水

◎神奈川県川崎市

ドボかわいい！ポイント

「円」の特性を利用して 公平・公正に水を分ける ユニークな仕組み

JR南武線津田山駅から徒歩約12分。久地駅からバスの場合は新平瀬橋で下車し、徒歩2分程度。

「ライバル（rival）」という言葉の語源を遡ると、「川（river）」を意味するラテン語に行き着く。古今東西、私たちは水を巡って争ってきた。川の水を公平に分けることは、人類の悲願だったと言える。

特に、田畑に使う灌漑用水の確保が死活問題だった瑞穂の国・日本では古来、川の上流域と下流域で水を取り合う「水騒動」が各地で繰り返されてきた。

大正から昭和にかけて、この問題を解決する画期的な装置が発明され、全国に普及した。それが、「円」という形の特性を生かし、水を正確な比率で分ける「円筒分水」だ。

住宅街にぽつりと残る久地円筒分水。どこかメルヘンチックな風景だ。今は、周辺の人々の憩いの場として余生を送っている。

▲外側の円筒の縁を越流した水が堀へと流れ落ちる。
コンクリートの素朴な局面が味わい深い。

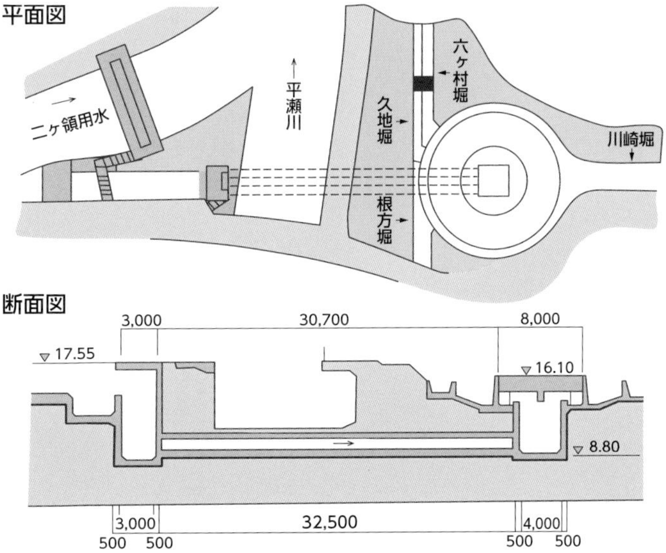

▲二ヶ領用水の水は平瀬川の下を通ってサイフォンの原理で円筒分水の中心から噴出する仕組み。

その仕組みは、農商務省の技師だった可知貫一によって発明され、1914年（大正3年）に岐阜県小泉村で第1号が完成した。新田開発にあたり、水を公平に分配するのが目的だった。

だがそれ以降、「公平に」水を分ける機能が、既存の田畑をめぐる水争いの頻発地域で熱望され、各地へ広まった。神奈川県川崎市に位置する「久地《くじ》円筒分水」もその一つ。1941年（昭和16年）につくられた。

水の取り合いが高じて打ちこわし騒動が勃発

久地は、多摩川の2カ所から取水した「二ヶ領用水」が合流する地点だ。江戸時代にはここに、用水を4筋の堀に分ける「分量樋」が設けられていた。木製の水門によって、下流の村々の水田面積に応じて引水するように工夫されたものだ。明治期に描かれた堀の絵図には、村ごとの取水時間まで記されており、水がいかに厳格に管理されていたか分かる。

しかし、日照りが続き多摩川の水が減ると用水の取水量が足りなくなり、全域に行き渡らなくなることもあった。すると当然、上流と下流で水の取り合いになる。自分たちの村へ水を流すために、他の村へ通じる水門を勝手に閉じてしまい、諍いになることも少なくなかった。

中でも有名なのが、「溝口《みぞのくち》村水騒動」だ。1821年、渇水による水不足が長く続き、上流と下流の村が激し

▲川崎市市民ミュージアムに分量樋の模型が展示されている。

く衝突。ついには下流の村人たちが、上流の溝口村の名主の家を打ちこわす騒動に発展したのだ。事の顛末を記した文書が近隣の村にも多く残されているという。

当時の分量樋は、水路の幅をいくつかに分けて壁で仕切る「背割り」と呼ばれる分水方法だった。この方法ではそもそも、決まった水量を正確に分けるのは技術的に難しい。渇水期に限らず、水路の勾配や分割した流路の幅によって流速が変わり、流速の早い部分ほど水が多く流れるからだ。

二ヶ領用水の水を利用していた60に及ぶ村々は、公平な分水を切望していたに違いない。

サイフォンで噴き上がった水を円周の比率で分ける

久地の分量樋を舞台とする長い諍いの歴史に終止符を打ったのが、久地円筒分水の登場だ。

施設は、直径8ｍと18ｍの鉄筋コンクリート造の円筒が入れ子になった二重構造。その中心から噴き上がった水が、内側の円筒下部の孔を通過した後、外側の円筒上部を越流し、4つに仕切られた堀へ導かれる。外側円筒の円周をそれぞれの灌漑面積に応じた比率の長さで仕切ることで、流量の変化にかかわらず、常に一定の比率で分水される仕組みだ。

導水は、二ヶ領用水の水をコンクリート管でいったん地下に潜らせ、サイフォン原理によって自然に噴出させる。内側の円筒は、水面の波立ちを収め、より安定的に越流させる役割を持つ。

この方式なら、どれだけの量の水がどのように分配されているかが一目瞭然なうえ、水門や弁などの可動部がないので不正に流れを変更することもできない。何百年も続いたこの地の水争いが、一挙に丸く収まったのだ。日本が生んだこの優れた仕

▲円筒分水から用水沿いに少し歩くと、分量樋があった場所に案内板が建っていた。

組みは、戦後、GHQの技術者によってアメリカにも紹介された。

私は円形の土木構造物に、なぜだか非常に心惹かれる。久地円筒分水の穏やかで力強い曲線のフォルムと、外縁を滑らかに流れ落ちる水を眺めているうちに、その理由が少し分かった気がした。

ドボ探《たん》コラム　日本の近代下水処理は「旧三河島汚水処分場」から始まった！②（p.131より続く）

近代水道の父・中島鋭治博士は「近代下水道の父」でもあった

▲中島鋭治工学博士。淀橋浄水場や駒沢給水塔など数多くの水道施設や旧三河島汚水処分場などの下水道施設を設計した。東京帝国大学名誉教授。

東京で本格的な近代下水処理の整備計画が始まったとき、その設計を任されたのが、土木技術者の中島鋭治工学博士です。中島鋭治さんといえば、東京をはじめ全国の上水道の計画や設計を手がけ、「近代水道の父」と呼ばれる土木偉人の一人。じつは、上水道だけでなく、下水道の近代化にも深く関わった技術者でした。

中島博士は、東京市の下水道整備計画で、下水管に流れ込む雨水量の計算に、海外で開発された最新の計算式を使ったり、まだほとんど実績のなかった鉄筋コンクリートで下水管をつくったりと、とてもチャレンジングな提案をしています。

また、三河島汚水処分場の汚水処理の方法も、当初案を変更して、最先端の「散水ろ床法」を採用しました。砕石や砂利を敷き詰めた「ろ床」に下水を撒き、ろ床の表面にできる「生物膜」と接触させることで下水の中の有機物を分解させる方法です。

有機的なカタチの導水渠《どうすいきょ》がすごい！旧三河島汚水処分場喞筒場の見学

三河島汚水処分場は、関東大震災や第二次世界大戦をくぐり抜けて77年間働き続け、1999年（平成11）年に稼働を停止。下水処理場としての機能は、現在の三河島水再生センターに引き継がれました。汚水処分場の施設の一部である「喞筒《ポンプ》場施設」は、使われなくなった後も土木遺産として保存され、2007（平成19）年に国の重要文化財に指定されました。

「喞筒」とはポンプのことで、日本語では「そくとう」または「しょくとう」と読みます。喞筒場は、地下の下水管を流れてきた下水をポンプで吸い上げ、地上にある処理施設へ送る施設です。

三河島汚水処分場喞筒場施設は、インターネットで申し込みをしたうえで、見学することができます。私は以前、雑誌の取材で訪れました。

喞筒場施設の中にはいくつかの建造物があり、見学コースはまず、下水中の土砂を沈殿させて取り除く「沈砂池」、次にスクリーンでこしてゴミを取り除く「濾格《ろかく》室」を地上から見学。その後、いよいよポンプが格納された喞筒室の地下へ降りて、「導水渠」に潜入します。

この導水渠が、すごい！　人が立って十分歩けるほどの高さのあるトンネルで、有機的な曲線がうねるように奥へ続く様子は、まるでヒトの腸内をファイバースコープで覗いているような感じです。

施設が稼働していたころ、濾格室を出た下水は、導水渠を通って地上にある10台のポンプ機で吸い上げられ、次工程である沈殿池で汚れを沈めた後、「散水ろ床」へと運ばれていました。

濾格室や喞筒室の上屋（地上の建物）も威風堂々とした美しいレンガの建物で、見応えがあります（p.131）。しかし、地上からは見えないこの導水渠こそが、汚水処分場の主役ではないかと、私は密かに思っているのです。みなさんもぜひ、導水渠の中を体感してみては。

◆見学予約受付

https://www.tgs-mikawashimayoyaku.jp/news/detail/2

▲旧三河島汚水処分場喞筒場の導水渠の内部は、人間の腸のような有機的なフォルム。左右の2系統がここで合流する。底には穴の開いた敷瓦を押し付けて貼ってある。

◀喞筒室の内部には、横軸渦巻《よこじくうずまき》ポンプ10台が設置されている。屋根を支える鉄骨トラスも美しい。

山里に近代の夜明けを運んだハイカラ吊り橋

白川橋

◎岐阜県加茂郡白川町

ドボかわいい！ポイント

1世紀を経て今なお往時のままの端正な姿で魅力を振りまく、「近代化の掛け橋」

JR高山本線白川口駅から徒歩1分。
岐阜から白川口までは約1時間半。

大正時代最後の年となった1926年の3月、岐阜の山あいの小さな村、西白川村（現在の白川町）に、人々が待ち望んでいた鉄道がやって来た。旧国鉄高山線だ。その5年前に岐阜―各務ヶ原駅間が開業したのを皮切りに、1、2年ごとに10kmぐらいずつ延伸し、ようやく村まで到達したのだ。

このとき、新駅「白川口駅」の開業と同時に架設された道路橋が、今回取り上げる「白川橋」だ。

駅と村をつなぐ掛け橋

高山線は、飛騨川の右岸と左岸を

▲大正末の竣工当時の様子。岐阜県の資料には「完成式典」とある。現在の白川橋は銀色に塗装されているが、現地で出会ったお年寄りによれば「昔は白だった気がする」。床版は木材だった。

◀橋長115m、幅員4m。約10mの高さの鋼トラス主塔2本でケーブルを吊っている。当時の欧米風のモダンなデザイン。2006年に土木学会推奨土木遺産、2013年に国の登録有形文化財にそれぞれ指定された。

▶主塔を支える橋脚の上部。苔むした鉄筋コンクリートは竣工時のままと思われる。

行き来しながら谷筋を縫って進む。この付近では、西側の右岸を線路が通っている。白川口駅が設置されたのも、当然ながら西側だった。

ところが、西白川村は、東から流れて飛騨川に合流する白川に沿って発展したことから、飛騨川の東側に居住地が広がっていた。村人たちはせっかく新駅ができても、そのままでは幅100mに及ぶ飛騨川に遮られ、鉄道を利用することができないのである。そこで、駅への動線として白川橋が架設されたわけだ。

右上の写真は、現地を取材したときに町役場の壁に飾ってあったもの。神官を先頭に、正装の人々が真新しい白川橋を渡っている。岐阜県の発行するパンフレット「ぎふ歴史的土木構造物」にも同じ写真が掲載されていて「大正15年　完成式典」とある。よく見ると、行列の中ほどに角隠しを被った若い女性が写っているので、花嫁道中を兼ねているのかもしれない。いずれにしても、ハイカラな鋼製の吊橋を渡る人々はどこか神妙な面持ちだ。建設当初は床版が木製だったと資料にあるが、この写真でも確かにそう見える。

軽やかな主塔と土偶的橋脚

鋼トラス吊り橋である白川橋の魅力は、何と言ってもケーブルを吊る主塔の美しさにある。

主塔は鋼材がトラス状に組まれ、柱と梁をつなぐ部材がアーチ状になっている。ちょっとエッフェル塔の足元部分に似ていなくもない。橋の袂の説明板によれば、桁だけでなく主塔まで鋼トラス構造なのは全国的にも珍しいという。

ガセットプレート（接続部の四角い板）やリズミカルに並ぶリベットが、トラスにアクセントを与えている。主塔の梁の中央には「白川橋」と右から書いた扁額が付いていて、四周をリベットで囲んであるのも、アップリケのステッチのようでドボ

▲駅前の歩道橋から見た全景。1960年にすぐ下流に見える国道41号飛泉橋が架設され、白川橋は歩行者・二輪車の専用橋となった。

かわいい。

一方、軽快なトラスの主塔を支えているのは、円錐状の柱を2本並べてつなげた橋脚だ。どっしりと踏ん張る感じが、土偶の足を連想させる。橋の上から覗き込んで橋脚を見ると、苔に覆われた鉄筋コンクリートの地肌が見えた。年月を経て黒ずんだコンクリートが深い味わいをかもし出している。

自然の猛威に耐えた1世紀

白川橋の竣工から2023年で97年。この間、どれほどの自然の猛威にさらされてきたことだろう。

なかでも1968年（昭和43年）8月には、白川町の名を全国に響かせた大惨事が起こった。白川口駅から2kmほどの地点で台風による集中豪雨で土砂崩れが発生し、観光バス2台が飛騨川に転落。乗客104人が命を落とす日本の交通事故史上最悪の事態となった。白川口駅付近でも路盤崩壊と土砂崩れが見つかり、電車が1ヵ月近く不通となったほどだった。

9割を山林が占める白川町は、標高の高低差が激しく、昼夜の気温差も大きい。構造物の耐久性にとって、決して好適ではないはずだ。それでも白川橋の修理は、何度か塗装をやり直し、床版を鋼デッキプレートとコンクリートに変更した程度。それ以外は桁や主塔の鋼トラス、ケーブル、橋脚いずれも1世紀近くの間、架設時のままの姿を保つ。

役場近くの喫茶店の気さくなマダ

▲補剛桁の銘板には「大正十五年製作　大坂　日本橋梁株式会社」とある。現在も存続する同社は当時、創立8年目の若い会社だった。

ムが「白川橋は雪景色が一番好き」と言っていた。まちを見守る長老橋は、変わらぬダンディーぶりで人々に愛されている。

ドボ探《たん》コラム　「地球の窓」とレトロ建築が魅力のまち、秩父①

ダイナミックな地球の胎動を感じる岩畳

東京から手軽に行ける観光地として人気上昇中のまち、埼玉県の秩父。ドボク探検倶楽部、略してドボたん的な見どころの一つは、長瀞《ながとろ》渓谷の地形や地質の面白さです。なかでも秩父鉄道長瀞駅からすぐのところにある「岩畳」は、川岸に平らな岩の層が広がる独特の景色で有名。地球の“中身”が見えちゃってるということで、「地球の窓」と称されています。

窓から顔を覗かせているのは、結晶片岩という変成岩。太平洋の海底に堆積した玄武岩や石灰岩、チャートなどが、海洋プレートの沈み込みによって日本列島の地下へ押し込まれ、高圧を受けてミルフィーユ状になったものです。この結晶片岩が、地殻変動によって地表に現れたのが岩畳というわけ。

地表に出た結晶片岩は、地下の土圧から解放されて一気に膨張し、垂直にヒビ割れてしまいます。岩畳の景観は、平らな層がこの垂直の割れ目に沿って剥がれ落ちてできたのです。秩父の地層は、古くは約3億年前の古生代からの堆積物。遠い南洋から気が遠くなるほどの時間をかけて運ばれてきたと思うと、なんだかクラクラします。

100歳超の鉄道橋が現役

長瀞ライン下りの舟に乗ると、対岸の地層も間近に見ることができます。さらに！　ライン下りでは、秩父鉄道荒川橋梁の下をくぐるコースがあるのです。花崗岩とレンガをウェディングケーキのように積み重ねた橋脚がとってもキュート。荒川に架かる橋では最も古く、1914年（大正3年）に架けられた100歳超の橋ですが、現役でがんばってます。

秩父鉄道は上長瀞までは荒川の左岸を通っていますが、この付近は地盤が軟弱であったため、橋を架けて鉄道を右岸側へ渡し、秩父へと通したのです。つまり、このドボかわいい橋梁が生まれた理由にも、地質が関係しているのですね。　（p.143に続く）

▲長瀞ライン下りには、秩父鉄道荒川橋梁の下をくぐるコースもある。

◀長瀞の岩畳。南太平洋から海洋プレートに乗って運ばれてきた堆積岩が土圧を受けて層になり、地表に現れたもの。

集落総出で掘り抜いた命のトンネル

中山隧道

◎新潟県長岡市

ドボかわいい！ポイント

大人ひとりがやっと通れる素掘りのトンネル。住民たちの「掘らまいか」精神を伝える

上越新幹線浦佐駅から車でおよそ30分。

山裾にぽっかり開いた大小二つの穴。小さいほうが今回の主役、中山隧道《ずいどう》の坑口だ。魚沼市と長岡市の境にある中山峠を貫くトンネルである。

日本一の長さを誇る手掘りトンネル

中山隧道の断面は、高さ2.5～3m、幅2.3mとドボかわいらしい人間サイズ。拡幅前の貫通時はさらに小さく、高さ1.8m、幅1.2mの馬蹄形で、大人ひとり分のスケールだったという。

この隧道は昭和初期に、山古志地区小松倉の住民たちがツルハシ一つで掘り抜いたもの。労力を抑えるた

◀坑口には、中山隧道をテーマにしたドキュメンタリー映画『掘らまいか』のパネルが掲示してあった。

▲内部の壁に今もツルハシの痕が残されている。

▶隧道の中から坑口を見る。中へ進むほど空気が冷える。見学できる最奥部は霧に霞んでいた。

◀中山隧道（右）と国道291中山トンネルの坑口が並ぶ。

めに、あえて最小限の大きさでつくったのだった。

私が乗ったタクシーの運転手は「ここはよく通るが、こんなものがあるとは知らなかった」と言っていた。確かに、中山トンネルを車で走り抜けたら、横にある小さな坑口は目に留まらないかもしれない。

しかし、見かけはプチでも延長は877mもある。中山隧道は、「日本一長い手掘りトンネル」なのだ。菊池寛の小説『恩讐の彼方に』の舞台として知られる大分県の「青の洞門」でも、トンネル部の長さは144m。その差は歴然だ。

豪雪による孤立に立ち向かう

なぜ住民たちはこれほど長いトンネルを苦労して人力で掘る必要があったのか。それは、この地が日本有数の豪雪地帯だからだ。

山に囲まれた小松倉集落からは、どの町へ出るにも峠越えが必須。集落には商店や病院はなかったので、最も近い小出町まで、標高400mの中山峠を越えて行かなければならない。積雪が4mを超える冬には、まさに命がけの道のりだ。病人を担架で医者に運ぶ途中、間に合わずに亡くなることもあったという。

「峠越えさえなければ」──。集落の中からやがて、自分たちでトンネルを掘ろうという声が上がる。もともとこの地域には、新田開発で水を引くための横井戸掘りの技術が伝わっていた。だが、資金や労力の負担は横井戸とは比べようもない。集落の総会では意見が割れ、約60世帯のうち賛成派の約40世帯だけで1933年（昭和8年）に工事を開始した。

当初は農閑期の冬だけに作業したことから、なかなか掘進しなかった。ようやく3分の1進んだところで戦争が激化し、工事は中断。戦後、県から補助金が出たのをきっかけに完成への機運が高まり、集落全員が協

▲山あいに棚田が点在している。この地域には昔から田を開くときに自分で横井戸を掘り、水を引いていた。

力して工事にあたった。こうして悲願のトンネルは1949年に完成。着工から16年の月日が流れていた。

苦労とやりがい刻む ツルハシ痕

中山隧道のおかげで人々は雪を気にせず往来でき、安心して暮らせるようになった。自分たちの手で掘り抜いたトンネルへの愛着はいかばかりだったろう。長岡や小千谷に通じる道路が整備された後も、小松倉の人々は車のサイドミラーをこすりながら、この小さなトンネルを利用し続けたという。

工事の最中は、掘り進むにつれ酸素が薄く、息苦しくなる。加えて、膝をついた姿勢でツルハシを振るう重労働。ズリ出しだって人力では大変だ。それでも、辛い作業だからこそ、ただ辛いだけでは続かなかったはずだ。人々は集落のため、孫子のために、仲間と力を合わせてものづくりをするやりがいも感じていたのではないか。一日の仕事が終われば、坑口の鍛冶場の火を囲み、にごり酒を燗して互いをねぎらったという。

中山隧道は数年前、崩落の危険により通行止めになったが、小松倉側の坑口から数十mは見学用に整備されている。入ってみると外の暑さが一転、ひんやりと湿った空気に包まれた。壁に残るツルハシの痕から、水滴が静かに指を伝った。

▲中山隧道より60年ほど前に掘られた「水路隧道」も近くに残り、現役で使われている。

ドボ探《たん》コラム 「地球の窓」とレトロ建築が魅力のまち、秩父②

(p.139より続く)

レトロでモダンな建物がたくさん

さて、ドボク探検倶楽部のメンバーとしては、ダイナミックな地球の営みのほかにぜひとも観賞したいのが、秩父神社の参道「馬場通り」のレトロな商店街。長瀞駅から電車で20分ほどの秩父駅が最寄りです。大正末期から昭和初期に建てられた商店や医院などの建物がたくさん残っていて、建築好きにはたまりません。

さらに、私ミカミが秩父で最も驚いたのは、秩父駅の隣の御花畑駅から10分ほど歩いた羊山公園のふもとにある「ちちぶ銘仙館」の建物でした。銘仙とは平織りの絹織物で、秩父の伝統工芸品。大胆な柄のおしゃれ着が大正から昭和にかけて大流行したそうです。

▲馬場通りにはレトロな雰囲気の建物が多く残っている。

訪れる前は銘仙の資料館としか意識していなかったのですが、実際に門をくぐり、目の前に現れた建築の素晴らしさに息を呑みました。どっしりとした玄関ポーチはドイツ表現派風。基礎部分などに大谷石が使われているところは、帝国ホテルの設計者として知られる20世紀建築界の巨匠、フランク・ロイド・ライトの建築を連想させます。

このモダンな建物は、1930年（昭和5年）に秩父絹織物同業組合が資金を出して地元の工務店に建てさせたもの。秩父地域の繊維産業の振興を目指して、埼玉県の工業試験場を誘致したといいます。重厚な設えからは、建て主のなみなみならぬ熱意が伝わってきます。

ちちぶ銘仙館は、秩父の観光スポットを紹介するサイトなどには必ず登場するものの、たいていは銘仙が主役。2001年に国の登録有形文化財に登録された名建築ながら、建築物自体はその実力のわりに、あまり注目されていないように思えます。でも、だからこそ、予想外の出合いの感動が生まれたのかもしれません。

地球が覗ける長瀞渓谷や、秩父神社前のレトロ商店街、そしてライト風建築のちちぶ銘仙館。見どころ満載の秩父は、ドボク・ケンチク大好物！というあなたにこそ、ぜひ味わってほしいドボたんエリアなのです。

▶国の登録有形文化財、ちちぶ銘仙館の建築。大谷石を使った重厚なデザインがライト風。（このページの写真：秩父市）

年月かけて自然に溶け込むロックフィルダム

岩屋ダム

◎岐阜県下呂市

岩屋ダムの全景。左岸側（画面右）にスキージャンプ式の減勢工が設けられている。

ドボかわいい！ポイント

急流の水圧に耐えて45年、発電・用水・洪水調節と3拍子そろった多目的ダム

JR高山本線の下呂駅か飛騨金山駅から車で30分程度。

今、ダムがすごいことになっている。毎週のように全国各地のダムを訪れ、写真を撮り、管理所でダムカードをもらい、地元のレストランでダムカレーを食べる——。そんなダムマニアたちが増え、ブログやSNSを通して続々とダムの魅力を発信しているのだ。

風景に馴染むロックフィルダム

ダムカードは表面にダムの全景写真、裏面に概要やこだわり技術などの情報が載った掌サイズのカード。現地の管理所へ行った人だけがもらえるところがポイントだ。国土交通

▲天端は道路になっており、堤体を眼下に愛でることができる。ロック材の間に生えた雑草が、ダムを自然に溶け込ませている。

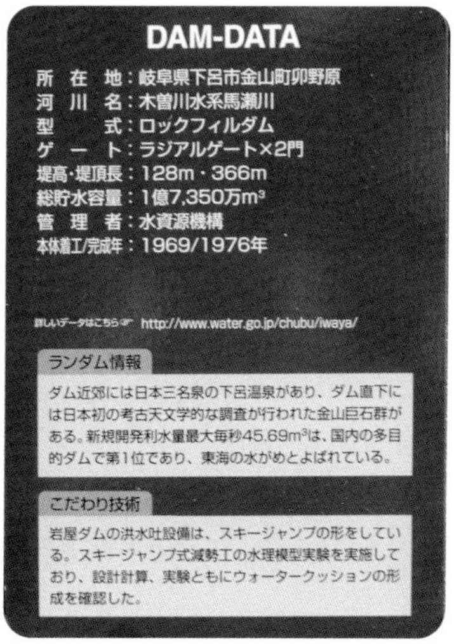

DAM-DATA

所在地：岐阜県下呂市金山町卯野原
河川名：木曽川水系馬瀬川
型式：ロックフィルダム
ゲート：ラジアルゲート×2門
堤高・堤頂長：128m・366m
総貯水容量：1億7,350万m³
管理者：水資源機構
本体着工/完成年：1969/1976年

詳しいデータはこちら☞ http://www.water.go.jp/chubu/iwaya/

ランダム情報

ダム近郊には日本三名泉の下呂温泉があり、ダム直下には日本初の考古天文学的な調査が行われた金山巨石群がある。新規開発利水量最大毎秒45.69m³は、国内の多目的ダムで第1位であり、東海の水がめとよばれている。

こだわり技術

岩屋ダムの洪水吐設備は、スキージャンプの形をしている。スキージャンプ式減勢工の水理模型実験を実施しており、設計計算、実験ともにウォータークッションの形成を確認した。

▲▶管理所でもらったダムカード。この夏休みにも、親子連れなど多くのダムファンが、カードをもらいに来たという。裏面には概要や「こだわり技術」の情報が記されている（資料：水資源機構）。

省の直轄ダムから始まり、現在は水資源機構や自治体の管理するダムにも広がっている。

堤体に似せた形にご飯を盛り、ルーをダム湖に見立てたダムカレーも、多くのダムの周辺で開発され、人気を呼んでいる。いまやダムは観光スポットであり、橋梁と並ぶインフラツーリズムの目玉になっているのだ。

重力式コンクリートダム、アーチダム、アースダム、ロックフィルダムなど、ダムにはいくつかの形式がある。重力式コンクリートダムのマッシブで雄々しい存在感。黒部ダムに代表されるアーチダムの優美ながら、緊張感のある雰囲気。

なかでも、今回注目したいのが、ロックフィルダムの穏やかでナチュラルなドボかわいらしさだ。岩石や土砂を積み上げて建設するロックフィルダムは、周辺の山から採掘した岩石を使うことが多く、風景によく馴染む。

夜中に下流のダムと水をやり取り

飛騨川上流の馬瀬川にある岩屋ダムは、1976年（昭和51年）完成のロックフィルダム。発電、治水、利水の用途を併せ持つ多目的ダムだ。

1960年の当初計画は、高度経済成長期の電力需要増大に対応するために、中部電力がダムと発電所を建設するというものだった。そこに、農林水産省、経済産業省、国土交通省が相乗りする形で事業に参画。背景には、中京工業地帯の発展や新たな農地かんがいに伴う水需要のひっ迫、多大な被害をもたらした伊勢湾台風後の治水の必要性があった。

▲ドローンで撮影した点検放流の様子。ダム湖の水がスキージャンパーのように勢いよく流れ下る（写真：水資源機構）。

さらに、水資源機構が名古屋市などへの上水道供給を目的とする水源開発を進めることになった。こうして、岩屋ダムの計画は大幅に拡大され、水資源機構と中部電力の共同事業として着工した。堤高は127.5 mで、飛騨川にある21基のダムのうち第2位。総貯水量は1億7350万m3で、同第1位の規模を誇る。

発電方式は、揚水式だ。電力需要の多い昼間は岩屋ダム右岸側の地下にある馬瀬川第1発電所の貯水池から、下流にある馬瀬川第2発電所に水を落として発電し、夜間には溜めておいたこの水を余剰電力によって汲み上げておく。つまり、ダムの水を使って位置エネルギーを蓄え、蓄電池の役割を果たす仕組みだ。ダム湖の莫大な量の水が、夜中に人知れずやり取りされていることを想像すると、なんだかわくわくする。

45周年を迎えた “東海の水がめ”

下呂温泉から車で約30分、取材当日はあいにくの雨模様。だが、ダムサイトに到着すると間もなく雨は上がり、一瞬、陽が射した。山あいから立ち上る霧を背景とし、両岸の緑が刻む深い谷の間に、岩を積み上げた堤体が見える。

岩屋ダムは、管理開始から2022年4月に45周年を迎えた。これまで愛知県、岐阜県、三重県の東海3県の水がめとして水を供給すると同時に、下流の地域を洪水から守ってきた。2018年には、その年7月の洪水時のダム操作により、下流域の氾濫を防いだとして、「日本ダムアワード2018」（p.147）のダム大賞と洪水調節賞を受賞した。また、生み出された電気は、日本の工業の発展を支えてきた。

2017年には、点検放流を初めて一般公開。スキーのジャンプ台そっくりの減勢工を勢いよく流れ下る白蛇の鱗のような水の姿が、ダムマニアをはじめ訪れた約250人の歓声を浴びた。天端の道路から下流側を見下ろすと、ロック材の間からところどころに草が顔を覗かせている。私には、ダムという人工物が懸命に、自然に溶け込もうとしているように思えた。

ドボ探《たん》コラム　ダム♡ラブな人々、増殖中!①

突然ですが、ダムは好きですか？

ダムには、水圧を支える方法によってさまざまな形式があります。弓なりに反って深い谷に踏ん張る「アーチ式ダム」の緊迫感。ダム自体の重さで支える「重力式ダム」の安定感。そして、石を積み上げて堤をつくる「ロックフィルダム」のナチュラル感。どれもいいですね〜（うっとり）。ほかにもいろいろあります。

そんなダムたちを愛してやまないのが、「ダムマニア」と呼ばれる人たち。今回は、ダムをめいっぱい楽しむ人々のことをご紹介します。

マニアが集結して盛り上がる“ダムな夜”

ダムマニアたちが、どれほどダムを愛しているか。例えば、マニアさんたちは放流の水しぶきがかかることさえ、嫌がるどころか「ダム汁を浴びた！」と大喜びします（笑）。なかには「これまでに800カ所のダムを訪れた」とか「一つのダムに1年で55回通った」など、尋常でないダム♡ラブぶりを公言する人たちもいるのです。

そんなダムマニアの存在が明らかになってきたのは、2003、4年頃。全国のダムを巡り、写真を撮り、記事を書いてアップする個人のウェブサイトが同時多発的に増えてきました。テレビ番組でも、大迫力の放流シーンとともに、それを見るためにわざわざ遠方から駆けつけるファンがいることなどが紹介されるようになりました。

主に個人で活動していたダムマニアたちが互いに顔を合わせるきっかけとして大きかったのが、2010年に始まったダム工学会の主催する「with Dam☆Night（ウィズダムナイト）」です。ダムの設計や施工、管理のプロである研究者や技術者とダムファンがお互いの活動を発表して交流するもので、ここ数年は東京のほか全国数カ所で開催されています。例年、東京だけでも約150人が参加する人気イベントになっています。

マイスター制度やダムのアワードも誕生

同じく2010年には、「ダムマイスター」も誕生しました。日本ダム協会が認定する称号で、ダムの実態、役割、魅力について、広く一般の人たちにPRするボランティアです。2年ごとに審査があり、毎回、カリスマ的なダムマニアの皆さんが選ばれています。いまでは、ダムマイスターがwith Dam☆Nightに講師として登場するなど、相互乗り入れも盛んです。

ダムブームは、こうしてどんどん盛り上がっていきました。特に見逃せないのが、2012年に始まった「日本ダムアワード」です。この賞の特徴は、何と言っても「ダムファンによるダムファンのための賞」であること。主催するのは、ダムファンのみで構成される日本ダムアワード選考委員会です。この選考委員会が、その年に“活躍したダム”をノミネートし、一般のダムファンの投票によって賞が決定します。

人ではなく、ダムに賞をあげちゃう。すごいです。ダムの擬人化。建築物などの賞ではふつう、その建物の発注者や設計者、施工者などを顕彰しますが、ここではダムが主役です。

最も印象に残る放流を行ったダムに授与する「放流賞」や、最も印象に残る洪水調節を行ったダムに授与する「洪水調節賞」など、選考部門もユニーク。ちなみに、2018年のダム大賞は岐阜県にある岩屋ダム（p.144）が受賞しました。大賞受賞、おめでとうございます（パチパチ）。

（p.151に続く）

◀ダムツーリズムでは、参加者が思い思いの角度からダムを愛でる。アーチ式コンクリートダムは真下から見上げると、覆いかぶさってきそうで迫力満点（群馬県にある矢木沢ダム）。

木製トラスの大吊橋《つりばし》は　電力王の夢の跡

桃介橋

◎長野県木曽郡南木曽町

ドボかわいい！ポイント

産業発展には水力発電しかないと信じた電力王・福沢桃介が自らの名をつけたシックな橋

JR中央本線南木曽駅から徒歩約5分。車の場合、中津川ICから30分、妻籠宿から5分程度。

うだるような午後、JR中央本線南《な》木曽《ぎそ》駅に降り立った。木曽川沿いを少し歩くと、遮るものもなく日差しを浴びる大きな吊橋が見えた。1922年（大正11年）、木曽川に架けられた桃介橋だ。

吊橋は、塔の上に張り渡したケーブルで桁を吊り下げる構造なので、桁が変形しないようにがっちりつくる必要がある。吊橋の桁が「補剛《ほごう》桁」と呼ばれるのはこのためで、桁によって吊橋の剛性を補う。桃介橋の形式は、木材をトラス状に組んで桁の強度を出した「木製補剛吊橋《つりばし》」だ。

全長は247m。日本に現存するこのタイプの橋では最も長く、そして

◀桃介橋の主塔と木製補剛桁（トラス）。主塔はアーチ型のくり抜きが重なるドボかわいいデザイン。

◀3本のうち中央の主塔（画面では左側）には中洲へ下りる階段が付いている。主塔の側面にこのための開口部を設けたことが構造上の弱点になってしまったというが、橋の真ん中から階段を下りて行けるのは楽しい。

▶橋の床版には一部、創建当時のトロッコ軌道が保存されている。

古い。主塔は上部がコンクリート製、下部が石積み。アーチ型にくり抜いた主塔と木製トラスの桁の組み合わせがシックだ。主塔から伸びたケーブルが優美な曲線を描いている。

自らの名前を冠した発電所建設用の橋

「桃介《ももすけ》橋」という名前は、なんだかちょっとかわいらしい。おとぎ話にでも出てきそうだ。名付けたのは、鬼才と呼ばれ、“電力王”として知られる福沢桃介。自分の名をそのまま付けるのはさすがに少しはばかられたのか、当初は「桃之橋《もものはし》」と言っていたのが、いつしか桃介橋と呼ばれるようになったという。

桃介が生まれたのは1868年（明治元年）。幼少の頃から神童と呼ばれ、慶應義塾へ進学。長身で、今でいう大変なイケメンだったこともあって、福沢諭吉の娘婿としてスカウトされる。桃介のアメリカ留学を条件として話がまとまり、帰国後に諭吉の次女ふさと結婚した。

肺結核の療養中に株式投資で儲けた桃介は、その金を元手に、会社勤めを辞めて実業界へ転身。電力会社を設立し、木曽川の水力開発に乗り出した。1919年（大正8年）に竣工した賤母《しずも》発電所を皮切りに、4年間に大桑、須原、桃山の4発電所を建設。そのつど、木曽川に資材運搬用の橋を架け、会社の幹部や功労者の名前を付けていった。

こうした一連の発電所建設の集大成となったのが、約4万kWの発電能力をもち、関西地方まで200km以上の長距離送電を行う読書《よみかき》発電所だ。桃介はこの発電所のための橋に、満を持して自分の名を付けたのだった。

原物保存が慎重に議論され往時の姿が蘇る

読書発電所の工事が終わった後、桃介橋は現在の南木曽町に移管され、生活橋として使われた。しかし、桁を押さえるワイヤーが洪水によって切れ、1978年（昭和53年）以降は通行禁止になったまま荒れ果てていた。

町は92年（平成4年）、日本の水力発電の歴史を物語る桃介橋を文化財として修復・復元することを決定。特別委員会による綿密な調査を踏まえて、その方法を検討した。

桃介橋は、中央の主塔に中洲へ下りる階段が設置されていることが大きな特徴だ。見た目はドボかわいい階段だが、そこへの出入口となる開口部を主塔の側面に設けたことが、構造上の弱点になっていた。

現在の設計基準に合わせて主塔を補強するか、あるいは通行できる人数を制限するか。検討の結果、文化

▲桃介が貞と暮らした大洞荘。現在は福沢桃介記念館として公開されている。

財としての「原物保存」の観点から、人数制限の案が採用された。

また、主ケーブルは内部まで腐食が進行していたことから、安全上、すべて新しいものに取り替えることになった。ここでも原物保存が議論されたが、ケーブルを取り替えることで、固定するアンカーや主塔頂部のサドルなどのパーツはそのまま利用でき、全体としてより原型が遺せると判断された。

こうして93年に修復・復元工事を終えた桃介橋は、翌年に国の重要文化財に指定され、今も往時の威容を保っている。

桃介の事業を支えたパートナー、マダム貞奴

木曽川に全部で7カ所の水力発電所を築いた福沢桃介。その事業を心身ともに支えたのが、日本人初の女優「マダム貞奴」としてヨーロッパにも名を馳せた川上貞だった。オッペケペー節で人気を博した夫・川上音二郎と死別した後、旧知の桃介に請われて行動を共にした。

二人は桃介橋の近くに別荘「大洞《おおぼら》荘」を建てて一緒に暮らし、ここを拠点にして発電所の建設現場へ足繁く通ったという。工事関係の要人の応接には、芸者出身の貞が采配を振るった。桃介はこの別荘の窓から、桃介橋や読書発電所を眺めるのが好きだったという。

◀福沢桃介のレリーフ。桃介は才能とともに眉目秀麗なことでも有名だった。

事業完遂後、貞は桃介をふさ夫人のもとへ帰らせたが、ふさは夫を許さなかった。同じ敷地の別棟で寂しく最期を迎えた桃介、享年70歳。桃介橋は、日本の水力開発の記念碑であると同時に、稀代の電力王の夢の跡でもある。

ドボ探《たん》コラム　ダム♡ラブな人々、増殖中!②(p.147より続く)

ダム巡りのお楽しみ、「ダムカレー」と「ダムカード」

最近、ダムの現地を訪れるファンたちのあいだで、定番となっているものが二つあります。一つは、「ダムカード」。表にダムの名前と写真、裏にそのダムの特徴や技術についてのミニ情報が書かれた名刺サイズのカードです。

ダムカードは、国土交通省や水資源機構、自治体など、それぞれのダムの管理者が発行し、無料で配布しています。いまでは統一デザイン以外の非公式なものを含めておよそ1000カ所のダムカードがあるといいます。

もう一つは、「ダムカレー」。ルーをダム湖に見立て、ご飯をご当地ダムの形に盛り付けたカレーライスです。こちらは、ダムの近くの展望レストランなどが提供。冒頭に挙げたような、アーチ式ダム、重力式ダム、ロックフィルダムといった形式が、どこまで忠実に再現されているかが見どころです。

ダムを訪れたら、まずはいろいろな角度から眺め、写真に収める。納得できたら、管理事務所でダムカードをゲット。ダム周りを歩いてお腹が空いたな、と思ったら、店に入ってダムカレーを味わう――。これが、いま最もホットなダムツアーです。

ダムに行ってみたいけど、足がない…という方も大丈夫。国土交通省が旅行会社と連携して企画する添乗員付きのダムツーリズムだってあります。さあ、新緑の季節、雄大な景観が楽しめるダムを目指して、ゴー!!

▲ダムカードも忘れずにゲット。発行していないダムもあるので、管理事務所で聞いてみよう。

◀ダムへ行ったら、ダムカレーを食べなきゃ。写真は、群馬県の矢木沢ダムをモチーフにしたダムカレー。アーチの感じが、ライスでうまく表現されている

岡山藩が遺した船のエレベーター

倉安川吉井水門

◎岡山県岡山市

ドボかわいい!ポイント

土木偉人・津田永忠の
大干拓事業の要となった
国内最古級の閘門式水門

JR赤穂線長船駅から車で10分程度。

レモンのような紡錘形の池の端、石垣がキュッとくびれた部分の上に、黒い板壁の小屋がちょこんと載っている。岡山県岡山市にある倉安川吉井水門だ。この水門が珍しいのは、水位の異なる二つの川の間に舟を通す「閘門《こうもん》形式」であること。このタイプの水門としては、国内で最古のものと言われている。

閘門はよく、“船のエレベーター”と称される。装置は閘室（上で言う池）と、その前後2カ所に設けた水門からなる。まず進行方向に向かって前の水門を閉めて水をせき止め、後方から舟を閘室へ入れる。次に後ろの水門を閉める。これで、閘室は

◀吉井川の堤防側から見た紡錘形の舟溜りと二の水門。水門の奥が倉安川につながっている。吉井川の改修によって、「一の水門」は堤防に埋め込まれた。

▲二の水門の奥には、舟を乗り降りするための石積みの階段が残されている。

▶花崗岩の巨石でつくられた水門の石柱には、樋板を落とすための溝が彫り込まれている。

閉鎖された水域になる。その後、前の水門を少しずつ開け、水位が前方の川と同じになったら、舟を閘室から出す。水に浮いた舟が閘室内の水位の変化とともに上下するところは、まさにエレベーターだ。

吉井水門も「一の水門」と「二の水門」があり、その間に「高瀬廻し」と呼ばれる舟溜り（閘室）がある。

熊沢蕃山の反対で頓挫した大干拓事業が再浮上

吉井水門のある倉安川は、備前国で「東の大川」と呼ばれた吉井川と、「西の大川」と呼ばれた旭川をつなぐ延長約20kmの運河だ。名君で知られる岡山藩主池田光政の命により、家臣津田永忠が指揮し、1679年に開削された。目的は、干拓新田への灌漑用水の供給と、岡山城下へ年貢米や物資を運ぶ高瀬舟の水路整備。

干拓で問題になるのは、給水と排水だ。新田には水が必要。一方で、海側に新田ができることで旧田は内陸となり、排水が困難になる。光政は早くから児島湾北岸に新田開発を検討したが、家臣の陽明学者熊沢蕃山は旧田への影響を指摘し、猛反対。計画は頓挫していた。

蕃山が藩を去った後、頭角を現したのが永忠だ。光政に才能を認められ、インフラ整備を任されるようになる。池田家の墓所造営を皮切りに、城下を洪水から守るための放水路として百間川を開削するなど大活躍。

一時期は閑谷《しずたに》学校（日本最古の庶民のための学校）の運営など、藩政の中心から遠ざかったものの、藩は度重なる洪水で凶作が続き、餓死者が続出する事態に陥った。この窮状を脱するには、新田を開発するしかない——。再び郡代に起用された永忠は、満を持して光政の夢見た大干拓事業に乗り出すことになった。

灌漑用水を航路と併用し舟運の効率も高める

永忠は思案の末、壮大な構想を描

▲両側の石垣護岸は、花崗岩の切り石を積み上げたもの。

き出す。東西に１本、南北に２本の灌漑用水を新たに開削するとともに、百間川や既存の河川を拡幅して給排水を賄い、合計3000ヘクタールにも及ぶ新田を沖合に干拓するというものだ。

だが、陸地が海側へ延びれば、川から児島湾を通って城下を行き来する高瀬舟の航路は遠回りになる。そこで、永忠が真っ先に着手したのが、東西の用水、すなわち倉安川の開削だった。高瀬舟にこの用水を通らせることで、児島湾を経由せずショートカットした舟運ルートを確保できる。そのために当時の最新技術を駆使してつくられたのが、吉井水門だ。

財政難の折、建設費を捻出するため、光政の娘の持参金を借用して運用するなど、資金集めにも苦心。すべてを新たに開削するのではなく、点在する既存の用水や小川、沼などをつなぐようにして工事を最小限にとどめた。

こうして倉安川は1年もかからずに完成。開通から20日間で1000艘近い高瀬舟が通行したことが、池田家の古文書に記されている。永忠は、児島湾を経由した場合の通行料を試算し、倉安川ルートの通行税をその半額以下に抑えたという。江戸初期のこの時代に、永忠が今で言う費用便益分析の発想をもって事業に当っていたことに驚かされる。

堅牢な石造りの吉井水門は、およそ340年たった今も往時の姿を残したまま、船溜まりに水をたたえてひっそりと佇んでいた。

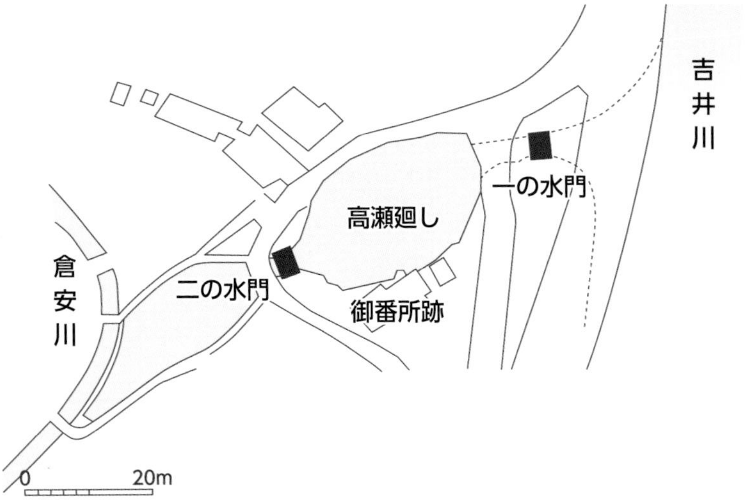

◀水門全体の構造図。二つの水門の間に紡錘形の舟溜りがあることがわかる。

ドボ探《たん》コラム　水位の異なる川を渡す「船のエレベーター」①

片側ずつゲートを開閉することで水位差を調整する閘門

　私がこれまで見た水門の中でも、構造や機能がとくに面白いのが「閘門《こうもん》」です。閘門は、二つの川が合流している箇所など水位の異なる水域に、船を通すために設けられる土木施設。古くから世界各地につくられてきました。広い意味では、中米の「パナマ運河」も太平洋と大西洋を結ぶ閘門です。

　日本でも現役で使われているものや、土木遺産として保存されているものなど、各地にさまざまな閘門が存在しています。

　閘門は、平たく言うと、プールの前後２カ所に水門が付いたような構造をしています。船を通す仕組みは下図のとおり。

　プールのような部分を「閘室《こうしつ》」と呼びます。まず、船が閘室の手前まで来たら、進行方向へ向かって前方の水門のゲート（門扉）を閉じます。そうして閘室内の水位が船のいる川と同じになったら、船は閘室の中まで進みます。船が完全に閘室内に入ったところで、後方の水門のゲートを閉じて前方のゲートを開けます。

　すると、もと来た川が先方の川より水位が低ければ閘室内に水が流れ込み、反対にもと来た川のほうが水位が高ければ、閘室内の水が流れ出ます。閘室内の水位が、これから進もうとする川と完全に同じになったら、船は閘室を出ていくというわけです。閘室の水面に浮かんだ船が水面の上昇・下降に従って上下する様子は、まさに「船のエレベーター」ですね。　（p.159に続く）

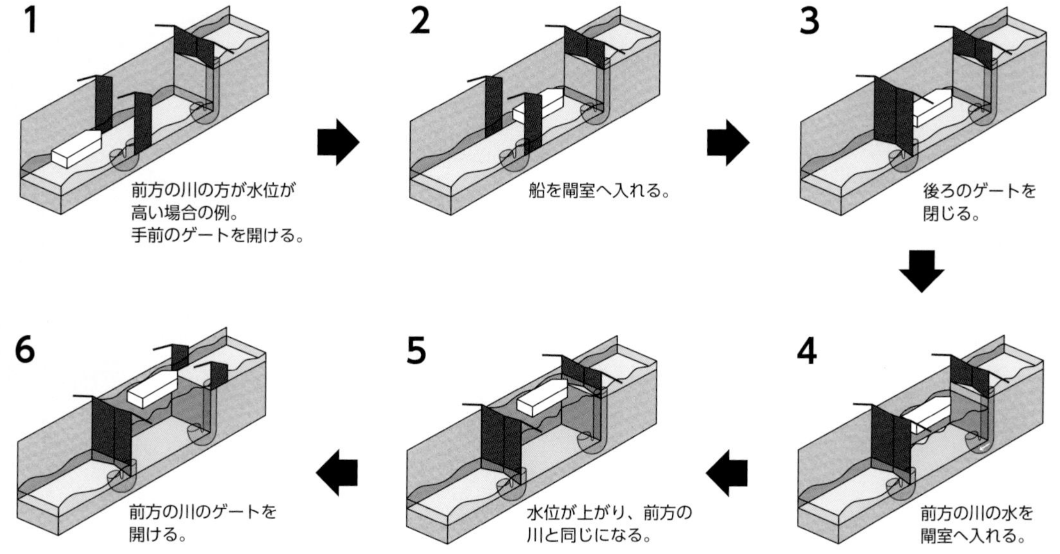

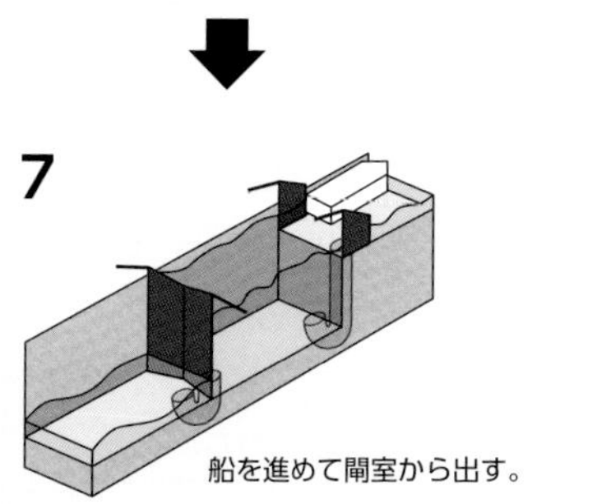

▲閘門のしくみ。

▲荒川側から見た荒川ロックゲート。手前の水門の奥にもう一つの水門が見える。二つの水門の間が閘室。

急流をやんわりいなす石積みの水の階段

七重川砂防堰堤群

◎埼玉県比企郡ときがわ町

▲上川橋から上流側に見える6基の階段状砂防堰堤。堤体には直径50〜70cm、1個につき重さ130kg以上の石が使われている。多くの堤体の幅は10〜15m程度。

ドボかわいい! ポイント

いくつもの小さな砂防ダムが力を合わせて水の勢いを弱める「百段の滝」

ときがわ町役場方面から県道大野東松山線を西へ進み、七重橋を右折。林道をしばらく登る。役場から車で約30分。

◀堰堤は、モルタルなどの接着剤を使わず、石だけを噛み合わせる「空石《からいし》積み」。一つの石の周りに六つの石を配置する「六つ巻き」という方法で積み上げてある。

針葉樹の中の林道をオフロードバイクで駆け上がる（といっても、私が乗っているのはシートの後ろだ）。深い谷の小さな橋へ差し掛かると、七重川《ななえがわ》砂防堰堤群《さぼうえんていぐん》のうち6基が並んでいるのが見えた。

階段状の石積みを清流がいくつもの小さな滝になって流れ落ちている。木漏れ日に白く照らされた護岸と、黒々と濡れた石垣のコントラストが印象的だ。「マムシに注意」の看板に少しひるみながら、橋の下へ降りてシャッターを切った。

▶林道「赤木七重線」にかかる「上川橋」。この橋の上流側と下流側に多くの砂防堰堤がある。砂防とは、山の土砂が崩れたり、流出したりするのを防ぐ工事のこと。江戸時代には「土砂《どしゃ》溢漏防止《いつろうぼうし》」と言っていたのが、短縮されて「砂防」になった。

並んだ堰堤が力を合わせ水流を和らげて受け渡す

七重川は、埼玉県を西から東へ流れる都幾川《ときがわ》の支流。上流部の流れは急で、大雨のたびに土砂災害が頻発していた。1910年（明治43年）の台風による豪雨では、一帯で350人近い死者・行方不明者を出す被害が発生。埼玉県はこれをきっかけとして、都幾川を含む3渓流の砂防事業を計画した。その中で、最初に着手したのが、七重川の堰堤群だった。

土砂災害は、大雨などで川の水が増えたときに、川岸や川底の土砂が削り取られ、水と一緒に下流へ流されることで起こる。そこで、渓流の砂防では、川岸と川底が削られるのを防ぐための「護岸」と「護床（床《とこ》固め）」、土砂を貯める「堰堤（小さなダム）」をつくるのが基本だ。

七重川砂防堰堤群も、都幾川との合流地点から上流1kmほどの間に、これらの構造物の組み合わせが階段状に数多く並び、地元では「百段の滝」とも呼ばれている。急流の水は、

▲七重川は、県道大野東松山線の七重橋付近で都幾川に合流する。ここにも床固め工と護岸工が見える。渓流のすぐ脇に民家が建っている。

堰堤を1段ずつ流れ下るうちに勢いを削がれる。流れが穏やかになれば、底や岸にかかる負担も減る。

思い出すのは、小学校の運動会だ。背の高さの順に並んだ子どもたちが、紅白の大玉を頭上で次々に手渡していく「大玉転がし」。チームワークが良くなければ、たちまち玉は列をそれ、首尾よくゴールまで運ぶことはできない。

1基ずつ整列した七重川の砂防堰堤たちも互いに協力しあい、水を送りながら流れを和らげて、ふもとのまちの暮らしを守っているのだ。

巨石をそのまま組み上げる「空石積み」の技術

七重川の砂防堰堤は、昭和期にはコンクリートでもつくられているが、私が撮影した6基を含め、初期のものはすべてが石積みだ。コンクリートやモルタルを接着剤として使用せず、石同士を噛み合わせて積み上げていく「空石《からいし》積み」の方法で施工してある。

材料は、現地の河原にある自然石を使った。堰堤の表面に見える積み石は、直径が50〜70cmほどの巨石だ。現代でもロックフィルダムなどでは現地の石を利用することが多いと聞く。ましてや重機のない大正時代のこと、すべてが人力では、1個の石を少し動かすだけでも大変な作業だったはず。極力その場にある石を生かしたいのは当然だ。

だが、手近にあるもので賄うには技術がいる。大きさも形も不揃いの巨石を急流に耐えうるほど堅牢に組み上げるには、相応の技が必要だ。そこで、石積み技術の発達した岐阜の墨俣《すのまた》町の職人が招かれ、地元の作業員に技術指導をした。

規定では、利用できるのは「1個の重さが130kg以上」の巨石。大人の男が4〜8人も力を合わせて運んだ。近くで石を調達できないときは、上流からソリで下ろしたという。工事期間は1916年（大正5年）11月から翌年3月の寒い時期。山奥の川での工事は、さぞ大変だったろう。

終戦後の1947年、カスリーン台風が関東を襲い、埼玉県でも戦中の木材乱伐により荒廃した多くの山で土砂災害が発生した。しかし、七重川をはじめ砂防事業を実施した渓流は、ほとんど被害を受けなかったという。完成から100年以上たった今も堰堤群はびくともせず、たおやかに水を受け流し続けている。

▲七重橋の下流側には「埼玉の砂防発祥地」の石碑がある。砂防法制定100年を記念し、1996年に建立された。

ドボ探《たん》コラム

水位の異なる川を渡す「船のエレベーター」②

(p.155より続く)

東京の閘門「荒川ロックゲート」を船で体験！

東京では現在、二つの閘門《こうもん》が現役で稼働しています。荒川と旧中川を結ぶ「荒川ロックゲート」（江戸川区）と、小名木川の水位差のある東西を結ぶ「扇橋閘門」（江東区）です。私ミカミは数年前、船に乗って実際に荒川ロックゲートを通過する体験をしたことがあります。ちなみに、「ロックゲート」とは閘門のこと。

荒川ロックゲートは、2005年に建設されました。荒川のほうが旧中川より水位が3mほど高いため、そのままでは船の往来ができませんが、この閘門ができたことで通行が可能になったのです。旧中川の東端は、江東区を東西に横切る運河・小名木《おなぎ》川と合流しており、小名木川の西端は前述の扇橋閘門を挟んで隅田川と合流していることから、二つの閘門を介して荒川、旧中川、小名木川、隅田川がつながりました。

国土交通省がこの閘門を整備した目的は、大災害が起こったときなど鉄道や道路が使えなくなった場合に、船で被災者を救出したり、救援物資や復旧のための資材を運んだりできるようにしておくためだそうです。

私が乗った船は、旧中川から荒川ロックゲートへ入りました。しばらくして、前方の荒川側のゲートがゆっくりと上がっていきます。閘室の壁に取り付けられた量水標の目盛りを見ていると、水位がぐんぐん上昇していくのが分かりました。本当のことを言うと、下から突き上げられるように船がぐぐぐっと浮かんでいくのかと期待していたのですが、そういう体感はなく、静かに水面が上がっていきました。

20分ほどたったでしょうか。ゲートが完全に上がって、「ゲート稼働中」の赤信号が「通航可」の青信号に切り替わり、ブザーが鳴りました。船長さんがもやい綱をほどき、船は荒川へ滑り出します。引き上げたばかりのゲートの下をくぐるとき、水滴が雨のように降ってきました。ウヒャー、楽しい！　ダムマニアの方々は、ダム放流の水しぶきを「ダム汁」と呼んでありがたがりますが、これはまさに「閘門汁」。

荒川ロックゲートや扇橋閘門を体験できる観光クルーズもありますし、荒川ロックゲートは水門の上に登って見学することもできます。ドボク探検倶楽部のメンバーを自認するみなさんは、ぜひ一度、行ってみてはいかがでしょうか。

▲閘室の中。写っているのは旧中川側の水門。船は旧中川から荒川ロックゲートへ入り、荒川へ抜けた。

▲荒川側のゲートがゆっくり開いていく。水門の上から見学している人たちも。

潮抜き穴が物語る執念の新田開発

猿喰新田潮抜き穴跡

◎福岡県北九州市

ドボかわいい！ポイント

**潮の干満を利用して
田からの排水を効率よく進めた、
画期的な「潮抜き穴」の遺構**

西鉄バス「猿喰」から徒歩約15分。
タクシーなら門司駅前から15分程度。

北九州市の北東側、新門司港の近くに「猿喰《さるはみ》」という珍しい呼称の地区がある。作物を荒らした猿を殺したところ祟りがあり、祠を建てて霊を鎮めたという伝承に由来するという。江戸時代半ばまで、ここには猿喰湾という入り江があった。湾の入り口に堤防を築き、干拓してできたのが猿喰新田だ。

干拓とは、干潟を堤防で仕切り、海水の流入を止めることで陸地化する方法だ。埋め立てとは異なり、よそから土砂を運び入れるわけではないので、土地には長い間、塩分が残る。この土中の塩気を抜くための画期的な工夫こそが、猿喰新田に遺る

◀道路部分が堤防。左側が猿喰新田、右側に周防灘がある。馬蹄形の石積みは手前が「唐樋」の1号樋門、奥が「南蛮樋」の2号樋門。南蛮樋はオランダの技術で、ハンドルを操作して門扉を上下させる。いずれも、近くに新しい水門ができ、現在は使われていない。

▶堤防の上から見た1号樋門。画面には写っていないが、穴の底の堤防側に招き戸がある。

▲水田側から見た樋門。右の1号はトンネル状にくり抜き、左の2号は両側と天井を板石で押さえている。

「潮抜き穴」だ。

潮の干満を利用して田の塩分を抜く仕組み

JR門司駅からタクシーに乗る。市街地を抜け、谷間を縫うように15分ほど走ると、水田の広がる田園地帯に出た。猿喰新田だ。広さは約33ha。田んぼの奥、周防灘の一歩手前に「猿喰新田潮抜き穴跡」がある。2003年に北九州市指定文化財に認定されているが、訪れる人は多くないらしく、タクシーの運転手も「知らなかった」と言う。

堤防の上は舗装道路になっている。横から見ると、石積みの堤防から馬蹄形の突起がピョコピョコと二つ並んで飛び出しているのが、どこかユーモラスでドボかわいい。縁に立って中を覗くと、井戸のようになっていて水が溜まっているのが見えた。

潮抜き穴の構造はどうなっているのか。

堤防の下には暗渠管が貫通しており、小さな水門がついている。これを「樋門」と呼ぶ。田に用水路から真水を引き込み、干潮のときは水門を開けて海へと排水する。満潮時には、海水が田に流入しないように水門を閉めておく。これを繰り返すことで、田の土に含まれた塩分が少しずつ洗い流される仕組みだ。

つくりの異なる2基の樋門に新田開発の苦難を想う

潮抜き穴は430 mの長さの堤防の東西両側に2基ずつ、計4基築かれた。現在残っているのは東端の2基だけだ。

不思議なことに、左ページの写真の手前側の1号樋門と奥の2号樋門では形式が異なる。1号は潮の干満差によって自然に招き戸が開閉する「唐樋《からひ》」、2号は人がろくろ（ハンドル）を回して扉を上下させる「南蛮《なんばん》樋《ひ》」。暗渠管のつくり方も別々だ。1号が岩盤をトンネルのようにくり抜いているのに対し、2号は地表面か

▲現在の猿喰新田。堤防と潮抜き穴によって米が作れるようになった。

ら開削し、両脇と天井を板石で支えている。このことは、何を意味しているのか。

北九州市のホームページに転載されている資料「門司の歴史」の江戸時代の項に、猿喰新田についての記述がある。それによれば、庄屋だった石原宗祐《そうゆう》が私財を投じて干拓に着手したのは1757年。だが、地盤が軟弱だったため工事は難航し、関係者の誰もが諦めかけた。

ところが、宗祐だけは一歩も引かず、小舟に石を積み込んで沈め、基礎とする方法を編み出す。こうして、1年がかりで堤防は完成。とはいえ、その後も苦労の連続だった。堤防内に残った大量の海水を抜き、溜め池や灌漑用水を開き、土中の塩分を洗い流す。一連の作業が完了し、新田からようやく米を収穫できたのは1773年のことだった。

現存する2基の樋門がまったく異なる形式なのは、つくられた年代が別々だからではないだろうか。これを示す資料は見つからなかったので、ここから先は私の憶測だ。

堤防ができ、猿喰湾の干潟が周防灘と切り離された後、宗祐はまず東西に1基ずつ樋門をつくった。しかし、なかなか思うように塩分が抜けず、いつまでたっても米は育たない。そこで、もう1基ずつ樋門を追加し、塩抜きの速度倍増を図った——。もしそうならば、形式の異なる2基の樋門こそ、16年に及ぶ新田開発の苦難を物語る証、ということになる。

宗祐がこの事業に執念を燃やした背景には、1732年の「享保の大飢饉」によって、地元の大里村で100人を超す死者が出た体験があったという。人を飢えから救う力も、土木にはある。

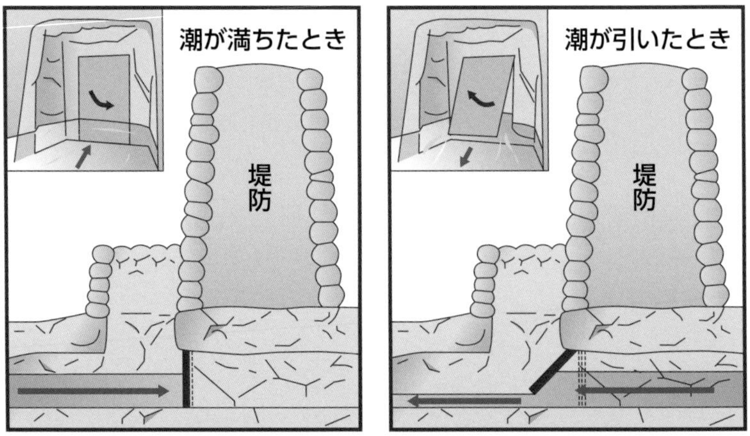

▲1号樋門の仕組み。潮が満ちてくるときは招き戸が閉じ、潮が引くときは招き戸が開く。

ドボ探《たん》コラム　日本の礎をつくった土木偉人たち①

空海は元祖・土木偉人だった！

私たちの住む場所を安心安全に暮らせるようにするために、さまざまなインフラをつくり、維持するのが土木の仕事です。今回は、古代から現代まで、広い視野と卓越した技術をもって土木の仕事に大いに尽力した「土木偉人」たちのうち、ミカミ的“推し”を勝手に発表したいと思います！

土木偉人を紹介する本や映像などはいろいろあります。例えば、「土木の絵本シリーズ」もその一つ。対象は「小学上級から大人まで」と書いてあるように、子どもにも理解しやすいやさしい文体ながら、内容的には大人が読んでもとっても面白い！

このシリーズの『人をたすけ国をつくったお坊さんたち』に登場する最初の推しメンは、空海さんです。空海って、あの弘法大師？　と思ったあなた、正解です！　高名なお坊さんが土木偉人と聞いて、びっくりした人もいるかもしれません。

唐から最先端の工学知識を持ち帰った空海は、まず821年に香川県にある満濃池の改修工事を完成させます。満濃池は現在でも「讃岐の水がめ」と呼ばれている大規模な灌漑《かんがい》用のため池です。818年に堤防が決壊し、朝廷の役人が修復に着手したものの、技術的にも難しく、人手も足りずにうまくいきませんでした。

そこで派遣されたのが空海です。空海が故郷である讃岐にやってくると、名声をしたって多くの農民が集まり人手不足は解消。唐で学んだ土木技術を生かして、わずか3カ月でこの難工事を完成させたといいます。これを皮切りに、空海は奈良県の益田池の改修や兵庫県の大輪田港など多くの土木工事を指揮しました。

空海以外にも、大きな土木事業を手掛けたお坊さんたちがいます。例えば、646年に宇治川の急流に初めて強固な橋を架けた道登。灌漑用水と治水を兼ねた「日本初の多目的ダム」といわれる兵庫県の昆陽《こや》池の造営や、古代からあった大阪府の狭山池の大規模な改修を指揮した行基。念仏を唱えながら諸国をまわり、崩れた道や崖を復旧していった一遍。他にもたくさんいます。

こうした元祖・土木偉人ともいうべきお坊さんたちは、水不足に悩む農地にため池をつくり、ものを運ぶ港をつくり、道や橋を整えたのです。すべては、生活に困窮する民衆を助け、その暮らしを豊かにするためでした。仏教による心の救済だけでなく、大陸の土木技術を駆使してインフラを整備することで、生活が苦しい人々を救ったのです。　(p.167に続く)

▲土木の絵本『人をたすけ国をつくったお坊さんたち』。土木の絵本シリーズは現在までに5冊展開されている。監修は東京大学名誉教授で河川工学のエキスパートである故・高橋裕さん、画・構成は絵本作家の故・加古里子《かこさとし》さん、文・編集は緒方英樹さん。

▲「土木偉人かるた」（2018年、土木学会発行）の空海と行基の札。空海の背景には満濃池、行基の背景には狭山池が描かれている。

若き技術者の挑戦が生んだレンガの樋

天神沼樋と永府門樋

◎埼玉県比企郡吉見町

ドボかわいい！ポイント

神田下水とそっくりの「卵型水管」や施工性にすぐれた「箱型門樋」は、チャレンジ精神の結晶

東武東上線東松山駅から鴻巣駅西口行きバスで約10分、あるいはJR鴻巣駅から東松山行きバスで約15分の「亀の甲」停留所下車。そこから徒歩1分。

住宅の隙間を流れる細い水路の先に、卵を逆さまにした形にぽっかりと開いたレンガの穴。明治期に日本に導入された「卵形水管」だ。

ここは埼玉県の川越から10 kmほど北にある比企郡吉見町。卵型水管は、天神沼という農業用溜池の水を田へ引き込むために、沼の堤防の下に通した樋《ひ》。若手技術者たちのチャレンジ精神の結晶だ。

オランダ人お雇い技師から最先端技術を吸収

吉見町は、西側の丘陵地帯と、東南に広がる広大な水田地帯からなる。天神沼は江戸時代に、丘陵につくら

▲堤防から見た天神沼。写真の左側の堤防に樋の吞口がある。

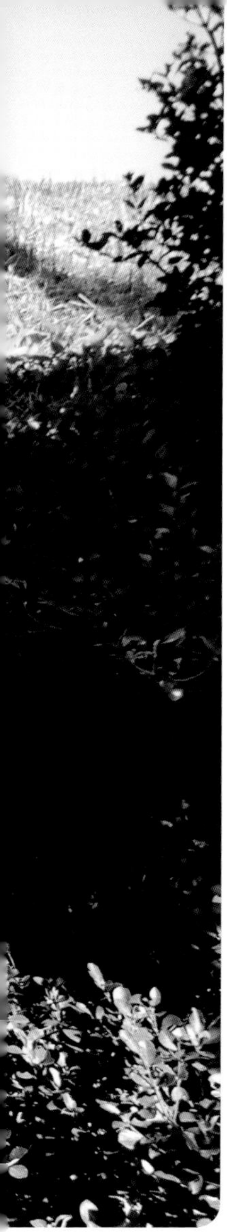

◀天神沼樋の全景。卵形水管の断面は高さが1m足らず、幅が50〜60cm程度と意外に小ぶりだ。両脇の翼壁の最上部にはかわいらしい塔が載っている。樋門の上の開口部は、後年に設けられた余水吐。

▶天神沼樋の卵形水管の吐口。日本の下水道のさきがけである神田下水（p.131）とそっくりだ。

れたいくつもの溜池の一つだ。ここから田へ引き入れた水は、かんがい後に1kmほど南に設けた永府門樋《えいふもんぴ》から、市野川用水を経て市野川へ排水される。水田を媒介する水のインとアウトだ。

天神沼の樋は、当初は木造だったが、1902年（明治35年）の洪水で流出。翌年に復旧されたのが、現在まで遺るレンガ造の施設だ。取水する吞口《のみぐち》は楕円形の集水桝になっている。水はそこから沼の堤防を貫通する卵型管を通って、出口である吐口《はきぐち》へと流れる仕組みだ。

卵形管は、1846年にイギリスで考案された。下部の狭まった楕円形の断面形状とすることで、水量が少なくても水深と流速を保つことができる。汚物などが底に溜まりにくいので、下水管にはうってつけだ。日本では明治以降、横浜や神戸の外国人居留地、東京の神田といった都市の下水道に採用された。

しかし、下水道以外でレンガ造の卵形水管が施工された事例は、ほとんど知られていないという。なぜ、農業施設である天神沼樋に用いられているのか。

長い間の鎖国が終わり、西欧の土木技術が一気に流入したのが明治という時代だ。殖産興業を掲げる政府は高給を支払い、“お雇い外国人”と呼ばれた外国人技術者を招聘《しょうへい》した。なかでも河川整備で活躍したのが、ムルデル、エッシャー、ファン・ドールン、デ・レーケといったオランダ人技師たち。前述の神田下水の卵形管を設計したのも、デ・レーケの指導を受けた内務省技師、石黒五十二だ。

そんな最先端の土木技術を積極的に吸収しようとしたのが埼玉県だった。技術者の育成制度を設け、ムルデルが指導していた内務省土木局の利根川出張所に、伝習生として若手を派遣した。天神沼の特異な形式の樋は、そんな埼玉県が、直営で施工したものだ。

▲手すりの上部には、レンガを斜めに並べて角を見せる「蛇腹」の装飾が施されている。桁部分は石材で、右から左へ「永府門樋」の文字が刻んである。

明治の新建材「レンガ」で 装飾性と施工性を両立

一方、排水側の永府門樋もまた、埼玉県の技術指導によって築かれたものだ。

天神沼から、一面に広がる枯れ田を眺めつつ歩くこと20分。耕地からの排水路が市野川用水に合流する箇所に、永府門樋があった。門扉はすでに取り外されているものの、2連のゲートからなる箱型の樋門で、1901年に木造からレンガ造へと改築されたという。かつては水路を渡る橋としての役割も果たしていた（現在は通行禁止）。

明治期につくられた埼玉県のレンガ樋門は、当初はアーチ型で装飾を施したものが一般的であったが、施工性や実用性を追求した結果、次第に箱型で装飾の少ないものが主流となった。永府門樋はその進化の過程を示しており、シンプルな箱型でありながら、「蛇腹《じゃばら》」と呼ばれるレンガの装飾をまとっている。

明治中期から昭和初期にかけて、埼玉県には天神沼樋や永府門樋をはじめ、250基を上回る数の樋管や樋門がレンガ造で築造された。当時の日本では、レンガ自体が新しい建設材料。深谷市には日本煉瓦製造会社もでき、レンガは埼玉県を支える代表的な近代産業となった。

西欧の技術を旺盛に吸収し、新しい材料で最先端のインフラをつくる――。県内に数多く遺るレンガ樋には、希望に燃えた当時の若手技術者たちの奮闘が刻まれている。

▲天神沼や隣接する大沼から引いた水でかんがいを行う水田地帯。

ドボ探《たん》コラム　日本の礎をつくった土木偉人たち②

(p.163より続く)

信玄・秀吉・清正・家康も土木プランナー

戦国時代に活躍した諸国の大名たちもまた、敵から領土を守り、自然の脅威から住民の暮らしを守った土木偉人です。なかでも土木事業の手腕が優れていたとして、土木の絵本シリーズの１冊『水とたたかった戦国の武将たち』で取り上げられているのは、武田信玄、豊臣秀吉、加藤清正のお三方。

信玄といえば、軍旗に書かれた「風林火山」で有名ですね。このように時期や情勢を見極め、それに応じた動き方をするという考えは、戦いだけでなく治水にも生かされていたようです。たびたび洪水を起こしていた山梨県の釜無川と御勅使《みだい》川の合流地点を改善するため、信玄はまず洪水のときに水がどのように流れているのかをじっと観察しました。そして、御勅使川を分岐させて水勢を弱め、合流した川が強固な岸壁にぶつかるようにするとともに、まち側には長い堤防を築くという戦略を立てたのです。この土手が、現在の「信玄堤《つつみ》」です。

城づくりの上手さで知られる秀吉は、それぞれの城下町を街道で結び、巨椋《おぐら》池や淀川の堤防を整備し、洪水防止や農地の拡大を実現するなど、広域の都市開発を進めました。清正もまた、熊本県を流れる菊池川、白川、緑川、球磨《くま》川という４つの河川を整備し、まちを発展させました。

一方、土木偉人をテーマにしたコンテンツとしては、「土木偉人かるた」もおすすめです。絵札と読み札に全部で48人の土木偉人とそれぞれの功績が描かれていて、子どもも大人も一緒に楽しく遊びながら知的好奇心が満たされるすぐれもの。上で紹介した空海や行基や、信玄・秀吉・清正のトリオももちろん登場します。

このなかで、私がぜひ「土木プランナー」として推したいのが、徳川家康です。家康は「利根川の東遷《とうせん》、荒川の西遷《せいせん》」と呼ばれる大規模な河川事業を実行しました。埼玉県で合流していた利根川と荒川を切り離し、利根川の流路を東側の銚子沖へ、荒川の流路を西側の入間川へと導くことで、洪水のリスクを大幅に減らしたのです。また、埋立地の造成や飲用水を確保するために神田上水の整備も実施。広大な湿地帯を当時の世界有数の都市・江戸へと変貌させました。260年間続いた江戸幕府を開いた家康は、現代へ続く東京の礎を築いたすぐれた土木プランナーだったのです！

(p.171に続く)

▲土木の絵本『水とたたかった戦国の武将たち』。表紙には信玄・秀吉・清正の似顔絵が。画・構成の加古さんは工学博士でもあったので、中面には地形や構造物の仕組みが分かりやすく描かれている。

▲「土木偉人かるた」に登場する48人の絵札とケース。大人が遊んでもかなり盛り上がる。

▲「土木偉人かるた」の信玄・秀吉・清正の絵札。絵はイラストレーターの広野りおさんによる。

▲「土木偉人かるた」の徳川家康の読み札と絵札。

小さな閘門が物語る江戸の大きな干拓史

見沼通船堀

◎埼玉県さいたま市

ドボかわいい！ポイント

壮大な江戸の土木事業の歴史を今に伝える、通船堀の小さくて古い閘門《こうもん》

JR武蔵野線東浦和駅から通船堀西端まで徒歩約3分。

何年も前、自転車で荒川サイクリングロードを走りに行っていた時期がある。その頃、埼玉の彩湖あたりから東へ逸れたところに古い閘門《こうもん》があると知り、一度だけ訪れた。それが見沼通船堀だった。

閘門とは、高さの異なる二つの川や運河を船で行き来するために、堰《せき》で水位を調整する施設のこと。日本の閘門としては、古くはp.152で紹介した岡山の倉安川吉井水門から、新しいものでは例えば東京・江戸川区の荒川ロックゲート（p.159）などがある。

◀見沼通船堀西縁。閘門を使って船を通すこうした運河を「閘門式運河」と呼ぶ。見沼通船堀は明治時代になってからも通船が盛んだったが、陸上交通の発達によって次第に需要が減り、昭和初期の1931年に廃止。1982年に国指定史跡となった。

◀見沼通船堀東縁の閘門（一の関）。奥に小さく見えているのが二の関。一の関を船が通過した後、鳥居型の門柱に角落しの板を取り付けて、二の関が通過できるようになるまで水位を上昇させる。

▶見沼代用水西縁。見沼代用水は2019年に、かんがい施設遺産に登録された。

船の幅ギリギリのかわいらしい閘門

私が見沼通船堀の閘門を初めて見たときの印象は、「ずいぶん小さくてかわいらしい」というものだった。資料によれば、幅2.7mしかない。ここに幅約2.3m、しかも200俵もの米俵を積んだ船を通したというから驚きだ。

閘門は木造で、「角落《かくおと》し」と呼ばれる板を両側の柱に当て、これを10枚ほど積み上げることで水をかさ上げする方式だったと考えられている。二つの堰（関）からなり、陸上から20人がかりで船を綱で引き上げて一の関を通過させた後、角落としを差し入れて水位を上げ、船を二の関まで進めてもう一度同じ作業を繰り返す。こうして2段階で合計3mの水位差を越えさせたという。

現在の閘門は復元されたものだが、最初の閘門が築かれたのは、見沼通船堀が開通した江戸時代の1731年のこと。じつは、この閘門式運河が開削された背景には、遠く徳川家康の時代に計画された壮大な土木事業が関係している。

家康の「瀬替え」が生んだ大きな沼をどう生かす？

江戸時代より前、この場所には見沼という大きな沼があった。古代には東京湾とつながる入り江だった一帯に、海が後退して残された沼の一つだ。

見沼開拓の歴史は、家康の「利根川東遷《とうせん》、荒川西遷《せいせん》」を発端とする。家康は江戸を洪水から守り、農地を安定させ、水運を発達させるために、利根川と荒川の流路を変更する「瀬替え」を計画した。利根川は東へ寄せて渡良瀬川へつなぎ、銚子から太平洋へ。荒川は西へ寄せて入間川と合流させ、隅田川から江戸湾へ。この工事を取り仕切ったのが伊奈忠次・忠治の親子だ。

瀬替えによる農業用水の不足を補うために、1629年、忠治は見沼の南端に「八丁堤」という長い堤防を築き、溜井《ためい》（用水池）を造成した。こうした灌漑《かんがい》方式は「関東流」と呼ばれる。

しかし、この見沼溜井の完成によ

▲芝川。向かって左から通船堀西縁、右から通船堀東縁が流れ込んでいる。

って、下流域では農地開発が進んだものの、沿岸では用水が不足したうえ、田や住宅への浸水に悩まされることになった。

それからおよそ100年後の1727年、新田開発を進めた8代将軍吉宗によって、見沼の干拓が計画される。井沢弥惣兵衛《やそべえ》為永《ためなが》の指揮により、八丁堤を切って見沼溜井の水を落とし、新田とした。これが、現在の見沼田んぼの始まりだ。同時に新田の東西両側に用水路が、中央には排水路がつくられた。用水路と排水路によるこの灌漑方式は、為永の出身地にちなみ「紀州流」と呼ばれた。

用水路は60kmも北を流れる利根川から取水するもので、新田の上流で東西に分岐する。見沼溜井の代わりになる用水路という意味で、「見沼代用水」と名付けられた。排水路は芝川となり、下流で荒川に合流する。紀州流の灌漑によって多くの米が取れるようになり、この地の石高は2倍になったという。

沿岸の村を江戸と結ぶ通船堀のアイデア

さて、新田で取れた年貢米を江戸に運ぶにはどうするか。鉄道やトラックもない時代、重たい米を陸路で長距離輸送するのは大変だ。そこで為永は考えた。代用水と芝川を運河で結べば、沿岸の村々で取れた米を船で運ぶことができるじゃないか——。こうしてつくられたのが、芝川を境に「東縁《ひがしべり》」390 m、「西縁《にしべり》」650 mの見沼通船堀だった。

田に引き込んだ余剰水が自然に流れるように、芝川は東西の代用水よりも低い位置に通してある。このため、通船堀の東縁、西縁それぞれに閘門を設けて水位差を解消したのだ。

今回記事を書くために再訪した現地で、今の天皇陛下が皇太子時代に視察されたことを耳にした。陛下のご専門は水上交通史で、講演録『水運史から世界の水へ』でも見沼通船堀に触れられている。

家康の瀬替えに始まり、沼の誕生、溜井の造成を経て、干拓による生産性向上と水上ネットワークの形成へ。見沼通船堀の小さな閘門は、江戸の土木事業のダイナミズムを体現していたのである。

◀通船の経営に携わった鈴木家の住宅が現在も残っている。

ドボ探《たん》コラム　日本の礎をつくった土木偉人たち③(p.167より続く)

「お雇い外国人」と呼ばれた土木技術者たち

絵本シリーズやかるたに登場する土木偉人には、日本人ばかりでなく外国人もいます。それは、明治時代に新政府に招かれた、いわゆる「お雇い外国人」と呼ばれた土木技術者たちです。なかでも、私が注目しているのは、鉄道技師のエドモンド・モレルと日本の灯台の父・リチャード・H・ブラントン、河川工事に奮闘したヨハネス・デ・レーケの3人。

明治になり、新しい国づくりの要になったのが、鉄道建設でした。モレルは英国人技術者たちを連れて1870年に来日し、新橋～横浜間の測量に着手。ところが、過労がたたったのか、1年半後に急逝してしまいます。後を継いだ外国人技術者と当時の工部省関係者の努力により、日本初の蒸気機関車が新橋駅を出発したのは1875年のことでした。

一方、鉄道が交通の主力となるまでは、舟運も重要な役割を果たしていました。幕末に結んだ江戸条約によって、日本は外国船のための西洋式の灯台の設置を約束したものの、西洋灯台を建設する技術がなかったため、イギリスからブラントンが招かれたのです。1868年に来日したブラントンは、帰国するまでの9年間に30もの灯台を建てています。その3分の1以上が150年近くたった今でも現役で稼働しているというからすごい！

私ミカミは以前、ブラントンが瀬戸内海の無人島に建てた「鍋島灯台」を取材したことがあります（p.16)。高さ10ｍと灯台としては小ぶりながら、ドーム型の白い端正な姿が印象的でした。

陸の明かりもなく、狭く長い航路に数千もの小島が点在する夜の瀬戸内海は、常に座礁の危険と隣合わせ。当時の外国船からは「Dark Sea（暗黒の海)」と恐れられていました。しかし、夜間に航海できるようにするには、たくさんの灯台を建てなければいけません。そこでブラントンは、航路の両側の入口にそれぞれ1基ずつ灯台を建て、その灯火で「今夜はこれ以上進まずに朝を待て」と伝えることにしました。こういう役割を「停泊信号」と呼ぶそうです。香川県側にある鍋島灯台は、愛媛県側の釣島灯台と一対で、停泊信号を船に送り、航海の安全を守ったのです。

お雇い外国人のうち運河や港の工事のために招かれたのは、オランダ人技術者たち。湿地を造成して国土をつくったオランダでは、内陸の舟運が盛んで、高い河川技術を持っていたからです。大久保利通による殖産興業政策の一環である野蒜《のびる》港や安積疏水《あさかそすい》を手掛けたファン・ドールン。大阪府の淀川港や福井県の三国港を設計したG.A.エッセル。デ・レーケは、この二人の助手として来日し、他のオランダ人たちが帰国した後も日本に残って工事を続けました。

私が好きなのは、徹底した現地調査に基づいて判断するデ・レーケのスタイル。なかでも、合流してたびたび水害を起こしていた木曽川、揖斐《いび》川、長良川の「木曽三《さん》川《せん》」の改修工事は大きな功績です。あるときは川を小舟でめぐり、あるときはロープで山をよじ登って詳細な調査し、改修計画をつくり上げたといいます。

開国し、一日も早く欧米に追いつこうと必死だった明治の日本に、お雇い外国人たちは近代的な技術の種を蒔いてくれたのです。　(p.175に続く)

▲土木の絵本『おやとい外国人とよばれた人たち』。表紙には、お雇い外国人たちの肖像と代表的な功績が描かれている。

▲「土木偉人かるた」のデ・レーケの札。30年間も日本に滞在し、河川工事のために黙々と働いた。

加藤洲十二橋の景観。家と家をつなぐ橋が連なっている。現在残っているのは11橋で、住民によって「思案橋」「黄門橋」「憩いの橋」などの名前が付けられている。

水郷の暮らしを伝える12の橋

加藤洲十二橋

◎千葉県香取市

ドボかわいい! ポイント

水とともに暮らしてきた人々の暮らしを想わせる、家と家、家と田をつなぐ橋たち

潮来側の船乗り場へは、JR鹿島線潮来駅から徒歩約5分。車の場合、東関東自動車道潮来ICから7分。

潮来《いたこ》の舟乗り場から「サッパ舟」と呼ばれる小舟に乗り、常陸《ひたち》利根川を渡る。潮来側は茨城県だが、対岸は千葉県香取市だ。小さな閘《こう》門をくぐると、その先に細い江間《えんま》（水路）が続く。300 mほどの区間の両岸に住宅が並び、家々をつなぐ簡素な橋が架けられている。このドボかわいらしい橋群が「加藤洲《かとうず》十二橋《きょう》」だ。

これらの橋は、もとはそれぞれの家が自家用に架けたもので、個人の所有物だったが、今は観光資源として香取市が管理している。「昔は、利根川でつながる銚子漁港から、木造船の船底板をもらってきて架け渡したそうだ」とサッパ舟の船頭さんが

▲常陸利根川と加藤洲の江間の水位を調整する加藤洲閘門。

▲かつて共同で農耕用の牛を飼っていた小屋。牛は各戸の桟橋から舟に載せた。

教えてくれた。

両岸の家ごとに、大谷石を階段状に積んだ桟橋が設置してあり、なかには小さなドックを備えている家もある。牛を田へ連れて行くのも舟なら、花嫁が嫁いでくるのも舟。舟こそが暮らしの足だった時代がしのばれる。

「隠遁《いんとん》武士」を起用した徳川家康の戦略

一帯は江戸時代初期に開発された新田で、「十六島《じゅうろくしま》」と呼ばれる。南を利根川本流、西を横利根川、北を常陸利根川に囲まれた文字どおりの「島」で、周囲約26kmの「輪中《わじゅう》」だ。中世までは砂州が点在する「香《か》取海《とりうみ》」と呼ばれた干潟で、常陸《ひたち》国（今の茨城県）と下総《しもうさ》国（今の千葉県）を隔てる水域として、常総のどちらにも属さない土地として放置されていた。

状況が一変したのは、徳川家康が豊臣秀吉によって関東へ転封《てんぽう》（領地替え）され、江戸へ入府した天正18年（1590年）のこと。家康の所領となった下総は、香取海を隔てて佐竹氏の所領である常陸と接していたため、この地が軍事上の要衝として浮上した。

そこで、家康はここを徳川領であると宣言。代官・吉田佐太郎を通じて土岐《とき》氏の旧家臣団を中心とする「隠遁武士」に、新田開発と国境警備を担わせた。佐竹氏に滅ぼされ、落《おち》人《うど》となったうらみを持つ武士たちには、適役というわけだ。

ちなみに、佐竹氏は1602年に家康によって出羽国《でわのくに》（今の秋田県）に転封され、この地の脅威はなくなった。それ以後は、隠遁武士たちによって、約50年の間に16の新田が開発され、加藤洲もその一つだった。

利根川に運ばれた土砂がつくった島

十六島の開発が始まったころはまだ、利根川は今の東京湾へ注いでい

▲家ごとに舟に乗り降りするための桟橋が設けられている。

たが、家康が計画した「利根川東遷《とうせん》」によって、少しずつ現在のように銚子へ向け、流路を変えられていった。

これにより、香取海へ土砂が運ばれるようになり、砂州が拡大。加藤洲もこうしてできた砂州の上に築かれた。

十六島では、潮の干満によって水位が大きく変わる。このため、満潮時に水没する場所は水田とし、そうでない場所には盛土を施して宅地とした。集落の周囲には堤防を巡らせ、水田や家々の間は縦横に走らせた江間で区切った。

江間は周囲の川とつながっているので、満潮のときは江間から水田へ水が入り、干潮になれば自然に排水される。宅地の中へ引き込んだ江間は、住人たちの交通路となり、水田と家の往来にもサッパ舟が使われた。

だが十六島は、低湿地の宿命ともいえる洪水には、長く悩まされ続けた。秋の台風シーズンに洪水が来る前に収穫を済ませるために、この地域の稲はもっぱら早生《わせ》種が植えられたという。

◀1個人の住宅の玄関先にガレージのようにドックがある。小さいながらも、しっかりとした造りだ。

洪水に悩まされながらも川とともにある暮らし

明治になり、利根川の改修工事が始まっても、洪水は一向に収まらなかった。なぜなら当初の改修は、舟運の維持や利水が目的。川の水深を増す「低水工事」で、堤防を高くするものではなかったからだ。

ようやく洪水防御を目的とする「高水工事」へと移行したのは、河川法が成立した1896年（明治29年）のこと。この工事は30年以上かけて完成したものの、大洪水は断続的に発生した。そこで、1949年に新たな改修計画が立てられ、水門や排水機場などが整備されて、少しずつ洪水の被害が減っていった。

十六島の暮らしを大きく変えたのは、1964年(昭和39年)に始まった土地改良事業だ。利根川と常陸利根川のしゅんせつ土を埋め立てに利用するもので、これにより江間は埋められ、道路になった。このとき、加藤洲の江間だけが、観光用に残された。

サッパ舟1艘がやっと通れるほどの細い江間と、板を渡しただけの簡素な橋の連なりが、川とともにあった水郷の暮らしと歴史を今に伝えている。

ドボ探《たん》コラム　日本の礎をつくった土木偉人たち④(p.171より続く)

琵琶湖疏水をつくった田辺朔郎《さくろう》

明治維新から20年ほどたち、お雇い外国人たちが帰国していくのと交代して、欧米で技術を学んで帰国した留学生や日本で学んだ技術者が、自分たちの手でインフラづくりを担うようになりました。後に「鉄道の父」と呼ばれた井上勝、東京大学工学部の前身である帝国大学工科大学の初代学長や土木学会初代会長などを歴任した古市公威《こうい》、琵琶湖疏水をつくった田辺朔郎、北海道の小樽港の工事を指揮した広井勇などです。

なかでも田辺が琵琶湖疏水の工事を任されたのは、まだ大学を卒業したばかりの21歳のときだったというから驚きです。琵琶湖疏水は、琵琶湖の水を京都へひくための約11kmに及ぶ水路。水車を回すための動力源と舟運路を確保するとともに、得られた水を灌漑や生活用水などに利用するために計画されました。背景には、明治維新後の遷都によって「千年の都」から「一地方都市」となった京都をなんとか蘇らせようという、京都府知事らの熱い思いがあったのです。

ただ、琵琶湖疏水のルートは、途中で長《なが》等《ら》山《やま》の硬い岩盤を貫くトンネルを掘らなければいけないことから、前述のオランダ人技術者デ・レーケも反対したほどでした。実際に、工事が始まると、突然の出水や土砂崩れなどの事故に悩まされました。けれども、田辺自らが先頭に立ち、作業員と一丸となって工事を成し遂げたのです。

琵琶湖疏水は、当時まだ世界的にも珍しかった水力発電を取り入れたことでも画期的です。当初の計画では、水流を利用して水車を回し、製粉や精米などの工場をつくる予定でしたが、田辺は工事の最中にアメリカで世界初の水力発電設備が開発されたと聞くやいなや現地を視察。帰国後ただちに水車動力から水力発電に切り替えたといいます。琵琶湖疏水は1890年に完成し、翌年には送電を開始しました。水路の落差が大きい場所には、船をロープで引き上げる「インクライン（傾斜式鉄道）」を設け、その動力にも発電した電力を利用しました。

近代土木技術を身に着けたこうした日本人リーダーたちは、後輩の技術者たちの指導にも情熱を傾けました。例えば、広井勇の教え子だった青山士《あきら》は大学卒業後、ただちに単身でアメリカへ渡り、パナマ運河の開削工事に参加し、重要な役割を担いました。青山の後輩の八田與《よ》一《いち》も台湾へ渡り、ダムをつくり給水路と排水路を整備することで洪水・干ばつ・塩害に苦しむ農民を救いました。

2021年3月に復刻版が出版された『土木のこころ』（田村喜子 著）には、田辺や広井をはじめ、その後の時代に活躍した土木偉人たちの足跡が記されています。

古代の僧侶たちから戦国武将へ、開国後はお雇い外国人から日本人技術者たちへ連綿と受け継がれてきた「土木の心」。想像を絶する困難を乗り越えながら、命がけで日本の国土づくりに邁進してきた土木偉人たちの情熱と使命感に触れ、私の心も震えました。現代に生きる私たちが便利で安全安心に暮らせているのも、私欲なき土木偉人たちのおかげなんですね。ありがたや、ありがたや。

▲土木の絵本『近代土木の夜明け』と『海をわたり夢をかなえた土木技術者たち』。明治から戦後にかけて活躍した日本人技術者たちの努力の様子が語られている。

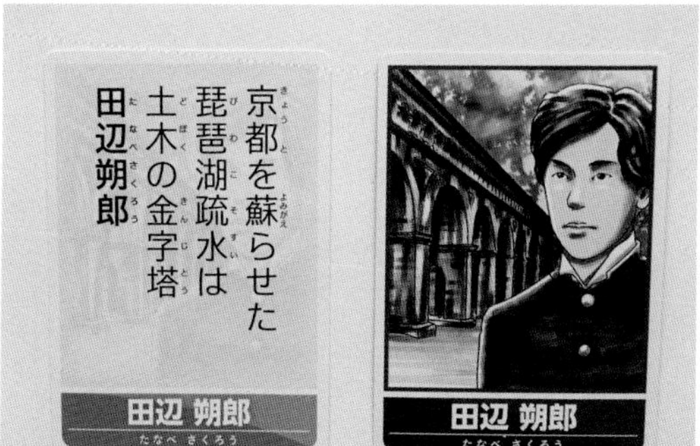

▲「土木偉人かるた」の田辺朔郎の読み札と絵札。田辺は琵琶湖疏水の工事を28歳で完成させた後、北海道の鉄道事業なども手掛けた。

▲広井の絵札には、小樽港に導入された当時最新鋭の積畳機（コンクリートブロックを斜め積みにする機械）とテストピースが描かれている。青山の背景はパナマ運河。八田は台湾の烏山頭《うさんとう》ダムに建てられた銅像のポーズ。

Profile

三上 美絵

［みかみ みえ］

土木ライター。大成建設広報部を経て独立。小ぶりで暮らしに密着、愛されてきた土木遺産を「かわいい土木」と呼んで愛でる。土木学会土木広報戦略会議委員、土木広報大賞選考委員。日本経営協会広報研修講師。ウィズワークス主催「社内報アワード」審査員。中高生向け職業紹介本『土木技術者になるには』（ぺりかん社）が好評発売中。

Special thanks to

一般財団法人建設業振興基金、株式会社アクティオ、公益社団法人土木学会、株式会社コンテンツブレイン、合同会社ダイアログ、東京スリバチ学会、武蔵野スリバチ学会、駒沢給水塔風景資産保存会、松永昭吾、本田創、緒方英樹、広野りお、水谷充（以上順不同、敬称略）

◎ブックデザイン　小川 純（オガワデザイン）
◎本文組版・図版　株式会社トップスタジオ

本書へのご意見、ご感想は、技術評論社ホームページ（https://gihyo.jp/）または以下の宛先へ、書面にてお受けしております。電話でのお問い合わせにはお答えいたしかねますので、あらかじめご了承ください。

〒162-0846　東京都新宿区市谷左内町21-13
株式会社技術評論社　書籍編集部
『かわいい土木 見つけ旅』係
FAX：03-3267-2271

かわいい土木《どぼく》 見《み》つけ旅《たび》

——重厚長大《じゅうこうちょうだい》だけじゃない、健気《けなげ》で愛《いと》おしいドボクの魅力探訪《みりょくたんぼう》

2023年3月24日　初版　第1刷発行

著　　者　三上《みかみ》 美絵《みえ》
発 行 者　片岡 巌
発 行 所　株式会社技術評論社
　　　　　東京都新宿区市谷左内町21-13
　　　　　電話　03-3513-6150　販売促進部
　　　　　　　　03-3267-2270　書籍編集部

印刷／製本　大日本印刷株式会社

定価はカバーに表示してあります。

ISBN 978-4-297-13344-3 C3051
Printed in Japan